MANUEL

D'AGRICULTURE.

Ne Change point de Soc.

MANUEL
D'AGRICULTURE

POUR LE LABOUREUR,
POUR LE PROPRIÉTAIRE,
ET
POUR LE GOUVERNEMENT:

CONTENANT

Les vrais & seuls moyens de faire prospérer l'Agriculture, tant en France que dans tous les autres Etats où l'on cultive ;

AVEC

La Réfutation de la Nouvelle Méthode de M. Thull,

Par M. DE LA SALLE DE L'ETANG, Seigneur de Muyr, Tinqueux, &c. ancien Député de la Ville de Rheims à Paris.

A PARIS,

Chez {
LOTTIN l'Aîné, Libraire & Imprimeur, rue S. Jacques, au Coq.
DESSAIN *Junior*, Libraire, Quai des Augustins, à la Bonne-Foi.
}

M D C C L X I V.

Avec Approbation, & Privilege du Roi.

IDÉE SOMMAIRE

DE CE MANUEL

D'AGRICULTURE.

ON se propose dans cet Ouvrage de faire connoître les vrais moyens, & même les seuls qu'on puisse mettre en œuvre pour parvenir à rendre, dans toute l'étendue de notre Royaume, l'Agriculture florissante.

Il ne dépendra que de notre Gouvernement de les faire réussir, sans même qu'il lui en coute rien.

Après y avoir donc fait obferver que toute notre Agriculture eſt entre les mains des gens de la Campagne ; qu'ils compoſent ſeuls en France le corps des Agriculteurs ; que ce n'eſt qu'eux qu'il convient d'inſtruire : & après avoir détaillé toutes les différentes façons dont ils tiennent nos terres pour apprendre comment l'Agriculture s'y exerce, on préſente le tableau du délâbrement de nos Campagnes.

On y voit d'une façon bien évidente que toutes nos terres en général, c'eſt-à-dire tous nos corps de Ferme, ne rapportent ni la moitié, ni le tiers, ni même le quart de ce qu'on devroit en tirer ; on y découvre que tout ce défaftre provient des routines de nos Laboureurs, du défaut de prairies & de beftiaux, & qu'il eft encore occafionné par les charges & impôts auxquels fe trouvent obligés nos gens de Campagne.

Ce tableau eft tellement dans le vrai, que, n'étant pas poffible de le critiquer, il apprend comment on doit s'y prendre pour bien faire l'eftimation de nos terres, & pour parvenir à en faire un cadaftre qui foit jufte & exact.

Pour remédier à ces trois caufes du délâbrement de notre Agriculture, on propofe deux moyens bien fimples, qui auront

certainement tout l'effet qu'on
peut s'en promettre, quoiqu'aucun de tous ceux qui, jusqu'à présent ont écrit ou donné des Mémoires pour la rétablir, n'en ait
seulement pas fait la moindre
mention.

Démontrant dans le cinquiéme Article des *Préliminaires*,
que la véritable Méthode de
l'Agriculture est contenue dans
les Pratiques locales de chaque
Canton, de chaque Terroir, &c.
on s'en sert comme du premier
moyen, le seul qu'on puisse proposer pour retirer nos Laboureurs de leurs routines, & pour
leur apprendre à bien cultiver ;
elle remplit la première partie de

cet Ouvrage, intitulée : *Manuel d'Agriculture pour le Laboureur* : on y expose ses principes, ses opérations, comment cette Méthode apprend les différentes façons de les exécuter relativement à toutes les sortes de qualités de terreins qui se rencontrent, & comment on doit s'y prendre pour les bien connoître, à l'effet de parvenir à leur donner à chacune les cultures qui peuvent leur convenir, en se servant de l'expérience dont cette même Méthode indique si bien l'usage & les effets.

On ne peut pas douter que cette Méthode qui est ainsi tirée de toutes les Pratiques locales, ne ſoit la ſeule dont on puiſſe ſe ſervir dans tous les pays du monde où on cultive, puiſqu'en employant autant d'opérations, il ne ſe peut qu'elle ne s'accommode bien à tout terrein, de quelque qualité qu'il ſoit, & puiſque les principes de l'Agriculture ne peuvent qu'y être les mêmes.

On ne peut pas douter encore que cette admirable Méthode ne *contienne*, ſuivant l'expreſſion d'Olivier de Serre, *l'Antique façon de manier la terre, qui a tant de majeſté*, & qu'elle ne ſoit la même qui a ſi bien ſervi à nos premiers Cultivateurs, laquelle eſt ſi reſpectable que toute autre Méthode doit être rejettée ; ce qui eſt développé de façon à faire revenir ceux qui s'en ſont écartés en donnant dans les nouveaux ſyſtêmes d'Agriculture.

Comme il ne ſuffit pas de retirer nos Laboureurs de leurs routines pour donner une pleine proſpérité à l'Agriculture, & comme il s'agit encore qu'ils ſoient mis en état de bien exécuter, dans cette ancienne Méthode l'opération de l'engrais qu'il eſt queſtion de toujours renouveller & entretenir ſur la totalité de leurs corps de Ferme ſi .conſidérables qu'ils puiſſent être, pour les maintenir en par-

faite valeur, ne pouvant y parvenir que par les prairies & les
beftiaux, on fait voir que dans
tous les Pays & Cantons où la
Nature n'a point établi de prairies, ou n'en a pas établi affez,
on peut y suppléer par des établiffemens de prairies artificielles, dont on n'a pas manqué de
fixer raifonnablement la quantité, pour ne pas faire tort aux
jachères & à la pâture des bêtes
blanches.

Voilà donc le fecond moyen
qu'il faut employer.

Or, tous nos Laboureurs n'é-
tant que Fermiers & Locataires,
& ces établiffemens de prairies
artificielles ne pouvant concer-

ner que les Propriétaires, attendu qu'il eſt généralement de
principe, que tout ce qui peut
contribuer à l'amélioration d'un
fond n'eſt qu'à leur charge ;
on établit dans la ſeconde Partie de cet Ouvrage, qu'ils ne peuvent refuſer leur concours avec
leurs Fermiers pour faire ces fortes d'établiſſemens, & que ce
concours, qui eſt de néceſſité
abſolue, établit une vérité qui
conſiſte *en ce qu'on ne parviendra jamais en France, ni ailleurs,
à rétablir parfaitement l'Agriculture que par les Propriétaires.*

Ainſi dans cette ſeconde Partie intitulée : *Manuel d'Agriculture pour le Propriétaire,* on

apprend à celui-ci tout ce qu'il convient qu'il faſſe pour bien s'acquitter de ces ſortes d'établiſſemens; comment il doit s'y prendre avec ſon Fermier ; & on lui démontre que, ſans ſe donner la peine de faire valoir par lui-même, ne s'agiſſant que de quelques déductions dont il tiendroit compte à ſon Fermier dans un premier bail ſeulement, il peut parvenir à doubler & même tripler le revenu de ſon corps-de Ferme , ſuivant le plus ou le moins de beſoin qu'il aura d'ê-tre réparé ; ce qui eſt mis dans tout ſon jour dans le troiſiéme Article des *Préliminaires*.

Ces deux moyens bien exécutés , ne pouvant manquer d'augmenter auſſi conſidérable-ment le revenu de nos terres , il s'enſuivra néceſſairement que non-ſeulement les gens de la Campagne ſeront mis bien au-deſſus de toutes leurs charges & impôts; mais encore que tous les Propriétaires s'acquitteront avec bien plus de facilité de ceux dont ils ſont auſſi chargés de leur côté.

Mais, comme ces deux moyens ne peuvent bien s'effectuer dans toute l'étendue du Royaume , qu'autant que le Gouvernement voudra bien y concourir, on expoſe, dans la troiſiéme Partie intitulée : *Manuel d'Agriculture pour le Gouvernement*, ce qu'il convient qu'il fasse.

On verra que cela se réduit :

1°. A faire distribuer & répandre dans toutes les Campagnes la *Méthode* dont on a ainsi fait la découverte dans les Pratiques locales, pour instruire tous nos Laboureurs. Le Gouvernement doit d'autant plus s'y déterminer, que cette *Méthode* contient la véritable explication de leurs Pratiques locales, dont ils ont toujours fait un si mauvais usage, faute d'instructions.

2°. A donner un Arrêt qui autorise les établissemens de prairies artificielles, & qui ordonne

même de les faire, pour les raifons qui font détaillées dans ce
même *Manuel.*

Au moyen de ces deux expé-
diens, l'Agriculture fe réparera
infailliblement dans le Royaume, & il en réfultera que, quand
l'exportation fe trouvera établie
fur des terres qui rapporteroient
au double & au triple de ce qu'on
en tiroit, les richeffes nous viendroient de toutes parts, & il
n'y auroit même jamais à craindre aucune difette.

Dans cet Ouvrage on réfute,
à l'exception de celui des *Prairies artificielles*, tous les Auteurs
& Ecrivains Modernes fur l'A-
griculture, parcequ'ils ont mé-

connu nos Pratiques locales & la Méthode qui y est contenue, parcequ'ils ont ignoré cette *vérité* qu'on vient de citer, concernant les Propriétaires, & parcequ'ils n'ont pas réfléchi à l'utilité, l'avantage & même la nécessité *des Jachères*, plusieurs d'eux n'ayant pas même entendu cette matière.

On les réfute avec d'autant plus de raison qu'ils sont cause que le Gouvernement, malgré toutes ses bonnes intentions, n'a pu rien faire encore pour le rétablissement de l'Agriculture.

On s'est attaché plus particulièrement à réfuter la *Méthode de M. Thull*, parcequ'elle renverſe plus directement nos Pratiques locales.

On peut dire que, dans ce *Manuel d'Agriculture* tant *pour le Laboureur*, que *pour le Propriétaire* & *le Gouvernement*, il y a trois choſes à obſerver, qui ſont très-intéreſſantes.

1°. La découverte de la *véritable Méthode* de l'Agriculture, dans chacune de nos Pratiques locales, de laquelle il réſultera que déſormais on ne s'aviſera plus d'en propoſer d'autres, ni d'annoncer, dans notre façon de cultiver, l'uſage d'un ſemoir qui n'eſt réellement qu'une frivolité, & qu'on ſçaura à quoi s'en tenir.

2°. La découverte de *cette vérité*, qui concerne tous les Propriétaires de corps de Ferme, & qui leur apprend qu'ils ne peuvent se dispenser de faire exécuter tout ce qui a rapport aux améliorations de leurs terres.

3°. La seule façon dont il faut s'y prendre pour bien connoître toutes les sortes de terreins, à l'effet de les cultiver comme il convient.

Quoique tout ce qu'on a dit à ce sujet ne soit, pour ainsi dire, que l'Alphabet de l'Agriculture, cela n'empêche pas cependant que tous nos Auteurs & Ecrivains Modernes n'y aient pleinement

pleinement échoué, lorſqu'ils en ont traité. Tant il eſt vrai que, pour bien parler de l'Agriculture, il faut néceſſairement avoir pratiqué pendant pluſieurs années.

Enfin la néceſſité , tant du concours du Propriétaire que de celui du Gouvernement , étant ſi bien prouvé & démontré néceſſaire pour parvenir au rétabliſſement de notre Agriculture, & leur étant parconſéquent indiſpenſable d'en avoir une idée juſte, & de s'en inſtruire, on verra encore dans ce *Manuel* qu'il ſembleroit à propos de faire entrer dans l'éducation de la jeuneſſe , & même d'un Prince, *l'Agriculture qui apprend à cultiver la terre*, puif-qu'on n'héfite pas d'y comprendre *la Géométrie qui n'apprend qu'à la mefurer.*

Tout ce qui eft contenu dans ces trois *Manuels d'Agriculture*, ne provient que des réflexions qu'une expérience de trente années à fait faire à l'Auteur.

EXPLICATION DE L'ESTAMPE.

L'ESTAMPE qui eſt à la tête de cet Ouvrage, repréſente *la Nouvelle Méthode d'Agriculture* ſous la figure d'une femme faiſant voir à un Laboureur qui ſéme ſuivant l'*ancienne Méthode*, un ſemoir à charrue, pour lui faire entendre qu'il s'en trouveroit beaucoup mieux s'il en faiſoit uſage ; mais Triptolême qu'on apperçoit derrière lui, & qui eſt repréſenté comme le Génie de l'Agriculture, l'en détourne, en lui diſant : *Ne changes point de ſoc* ; c'eſt-à-dire, Ne te laiſſes pas ſéduire par les inventions nouvelles de cette femme.

Triptolême, qui étoit fils de Céléus, Roi d'Éleuſe & de Méhaline, avoit appris de Cérès l'Art de Cultiver la Terre.

FAUTES

Aisées à corriger à la plume.

page 7 Ligne 19 , par l'Agriculteur , *lisez* par l'Agriculture.

p. 69 Ligne 13, opérations quoiqu'elle, *lisez* opérations. Quoiqu'elle.

p. 103 Ligne 14, de tel Canton que la terre, &c. *lisez* de tel Canton de la terre.

p. 141 Ligne 19 , pourroit, &c. *lisez* pouvoit.

p. 142 Ligne 3, ne pouvant être les mêmes, &c. *lisez* ne pouvant être que les mêmes.

p. 240 Ligne 3 , pâtures grasses , *lisez* grasses pâtures.

p. 324 Ligne 8, on, *lisez* ou.

p. 356 Ligne 13 & 14, conserver, &c. *lisez* concerner.

p. 368 Ligne 7, espécés, *lisez* espacés.

p. 398 Ligne 12, qui ne travaillent, *lisez* qu'on ne travaille.

p. 525 Ligne 2, occupé, *lisez* coupé.

MANUEL

MANUEL
D'AGRICULTURE,
POUR LE LABOUREUR,
POUR LE PROPRIÉTAIRE,
ET
POUR LE GOUVERNEMENT.

+++++++++++++++++++++++++++++++

ARTICLES
PRÉLIMINAIRES,
Servant d'Introduction.

ARTICLE PREMIER.
De la position de notre Agriculture.

Toutes les terres tant en France qu'ailleurs appartiennent au Clergé, à la Noblesse & aux Habitans des Villes.

A

Quoique ces trois Ordres en ſoient totalement propriétaires, cependant elles ſe trouvent entièrement entre les mains des gens de la Campagne, leur étant cédées par des Baux de ſix ou neuf ans, pour les cultiver & en payer la Location.

Aujourd'hui, en vertu d'un Arrêt du Conſeil du 8 Avril 1762, on a droit de les prolonger juſqu'à vingt-ſept ans; par la ſuite il ſera queſtion de cet Arrêt, & des grands avantages qu'il peut procurer.

Au moyen de ces Baux, il eſt ſi peu en uſage de faire valoir par ſoi-même, ſur-tout en France, qu'il n'y a preſque point de Propriétaires qui ſe trouvent dans ce cas.

Comment le Clergé pourroit-il s'en charger, puiſque cette occupation n'eſt nullement compatible avec ſon état? La Nobleſſe eſt toute

dévouée au parti des Armes ; &,
parmi les Habitans des Villes, qui
oseroit s'exposer aux impositions de
Tailles, de Corvées, de Milices,
&c ?

Cependant, pour l'avantage de
l'Agriculture, ne pourroit-on pas en
exempter ceux qui prendroient le
parti de se retirer à la Campagne,
pour faire valoir par eux - mêmes
leurs propres Domaines?

Il s'agiroit d'une taxe d'Office
pour toute imposition qui seroit
proportionnée à la valeur de ce qu'ils
feroient valoir ; étant juste & na-
turel que des Propriétaires jouissent
de quelques priviléges ; ce qui ne
feroit aucun tort au Gouvernement ;
les gens de la campagne ne s'en
plaindroient même pas, un Propriétaire méritant d'être distingué d'un
Fermier, d'un Locataire.

A ij

On doit donc regarder actuellement en France les gens de la Campagne, comme composant seuls le
corps des Agriculteurs ; & ce corps
des Agriculteurs n'est donc composé
que de Fermiers & de Locataires.

Qui croiroit que c'est ce qui a
attaché aussi injustement l'idée de
mépris & même d'ignominie à l'Agriculture, & que c'est ce qui est cause
qu'on la regarde comme un art im-
parfait, qui auroit besoin d'être ré-
formé par de nouvelles méthodes ?
Ce qui fait bien voir, qu'en général
on ne juge des professions, & même
d'un art si noble qu'il puisse être par
lui-même, que par les qualités des
personnes qui les exercent & qui
les pratiquent.

Pourquoi à la Chine, l'Agriculture est-elle si honorée & si res-
pectée ? C'est que l'Empereur ne

dédaigne pas de tenir lui-même la queue de la charue.

Étant d'une ſi grande importance d'obſerver la poſition de notre Agri-culture, on n'a pas héſité d'en faire un Article particulier.

Si l'Apologiſte de M. Thull, y avoit fait attention, il ne ſe ſeroit aſſurement point donné la peine de publier & d'annoncer ſa nouvelle méthode, qui ne peut plaire qu'à quelques Amateurs de l'Agriculture ſans expérience.

L'Eſſai de M. Patullo ſur l'amé-lioration des terres, qu'on peut en-core regarder comme une nouvelle méthode, fera-t-il jamais la moindre impreſſion ſur le corps de nos Agri-culteurs?

Il faut donc ſavoir pour qui on doit écrire; &, ſi on veut rétablir notre Agriculture, il faut n'avoir en

vue que les gens de la Campagne,
ne s'agiſſant pas de ces amateurs qui
n'y ſont pour rien, & qui donneront
toujours dans les nouvelles méthodes & dans les nouveaux ſyſtêmes.

ARTICLE II.

Des différentes façons dont nos terres ſont
tenues par les Gens de la Campagne.

TOUTES nos terres labourables
ſont généralement tenues en détail,
ou en corps de Ferme.

Elles ſont louées en détail, quand
elles ſont louées par Piéce, par Arpent, ou par demi-Arpent.

Il y a dans le Royaume quelques
bons cantons qui ſont loués de cette
façon, quoiqu'il s'y trouve des Propriétaires qui, ayant des Domaines
conſidérables, pourroient donner à
corps de Ferme.

Les Baux de ces fortes de locations qui font ordinairement de cinq à fix ans, plus ou moins, fuppofent des terres de la meilleure qualité.

Dans les cantons où cet ufage eft établi, les terres ne fe cultivant qu'à la bêche & non à la charue, un père de famille n'en prend qu'autant qu'il peut en cultiver ; fuivant le nombre de fes enfans capables de travailler.

On peut dire que les terres qui font ainfi louées, font mieux cultivées que celles qui le font à la charue, parce qu'à la bêche elles font plus facilement fouillées , renouvellées & retournées.

Auffi rendent-elles toutes fortes de productions , comme froment & tout autre grain employé par l'Agriculteur, même jufqu'à des légumes de toute efpéce ; en un mot , avec un peu d'engrais bien exactement renouvellés, on les met en état de rapporter tout ce qui peut faire le plus de produit.

On conçoit qu'en ne faifant valoir à la bêche qu'environ deux à trois arpens au plus, il n'eft pas ordinairement queftion de jachères, y ayant bien plus de facilité à exécuter, foit le renouvellement de l'engrais, foit le renouvellement de terrein.

C'eft dans cette forte de culture qu'on peut mieux faire ufage des engrais de toute efpéce, comme des cendres, des boues, de la fuye, &c, parce qu'il en faut peu; & fi, avec ce fecours, on a une vache ou deux, on fe trouve en état de faire tous les ans, les amandemens convenables & néceffaires; ce n'eft même que dans cette forte de culture à la bêche, qu'il convient de faire ufage des engrais artificiels.

En affermant ainſi les terres par piéce, ou par arpent, la location en eſt bien plus avantageuſe pour les Propriétaires; puiſque cette ſorte de culture ſe rapporte aſſez à celle des Jardins.

Ce ſeroit vraiment le moyen de mieux faire valoir toutes nos terres, ſi on pouvoit ne les cultiver qu'à la bêche; mais cette façon de culture, exigeant trop de bras, elles reſteroient incultes preſque toutes.

C'eſt pourquoi l'uſage le plus général eſt de les louer pour être cultivées à la charue; pour lors elles forment le grand objet de l'Agriculture; à la différence des autres qui n'étant cultivées qu'à la bêche, tombent plutôt dans la partie de l'Agriculture qui concerne les jardins.

Les terres qui ſont cultivées à la charue, ſont au-contraire tenues en corps de Ferme, qui ont plus ou moins de contenance.

Il y en a de trois à quatre-cents arpens; il y en a même qui en contiennent davantage, & il s'en trouve qui n'en ont qu'une vingtaine au plus; en un mot, toutes les terres qui se cultivent à la charue, sont censées être tenues en corps de Ferme.

Leur contenance est généralement distinguée par charues.

En supposant que les terres d'un corps de Ferme soient partagées & divisées par tiers, c'est-à-dire, par les trois soles des bleds, des mars, & des jachères, la contenance d'une charue est ordinairement d'environ soixante & quinze à cent arpens au total.

Elle est de 75 au plus dans les pays & cantons où les terres sont fortes & pesantes, & de 100 ou environ dans ceux où les terres font légères : ainfi, quand les corps de Ferme font de la contenance du double ou du triple d'arpens qu'on vient d'énoncer, ils font reputés être de deux ou trois charues.

Lorfque les terres n'ont pas la contenance néceffaire pour former une charue, elles font louées à des Fermiers qui n'en ont pas fuffifam- ment pour s'occuper.

Les corps de Ferme de deux, de trois & même d'une feule charue, ne font point fans être accompagnés d'une maifon pour l'établiffement d'un Fermier.

Ces maifons doivent contenir tout ce qui eft néceffaire pour l'ex- ploitation de la Ferme, comme Cour, Grange, Ecuries, Etables, Bergeries, &c. avec un Corps de logis pour l'habitation du Fermier;

lequel doit encore contenir toutes les commodités qui lui font nécef-faires pour pouvoir bien faire va-loir.

Les terres qui n'ont pas une con-tenance fuffifante pour compofer une charue , peuvent être fans mai-fon , parceque l'entretien diminue-roit beaucoup le produit de la Fer-me.

Les corps de Ferme qui n'ont point de jachères, exigent environ la même contenance pour compo-fer une charue.

Les charues font chacune géné-ralement de deux ou trois chevaux, felon que les terres font plus ou moins fortes; & quand elles le font davantage , elles font chacune de quatre ou fix chevaux : pour lors on employe plus volontiers les bœufs dont l'attelage eft de quatre ou de fix.

Il faut ſçavoir que dans les corps de Ferme de 4 à 500 arpens, & même plus, qui ne ſe trouvent ordinairement avec des contenances auſſi conſidérables que dans des pays de terres légères, comme en Champagne, & même ailleurs; on admet dans une même Ferme deux ſortes de cultures, qui ſont la grande & la petite; quelquefois celle-ci a plus de contenance que l'autre.

Ces deux cultures peuvent avoir lieu dans un même corps de Ferme, pour mieux parvenir à en tirer parti.

Les terres qui ſont à la grande culture, ſont celles qui ſont enſemencées en grains d'Hyver & en grains de Mars; au lieu que pour celles qui ſont à la petite culture, il n'eſt queſtion, tous les ans, que de grains de Mars, & que de les enſemencer au Printems.

Cette diſtribution ne peut-être qu'avantageuſe dans un corps de Ferme qui ſeroit trop conſidérable; puiſque, par ſon moyen, on peut reſtreindre la grande culture pour la mieux cultiver, & pour pouvoir mieux exécuter les renouvellemens d'engrais & de terrein, dont on parlera dans la ſuite.

Cette diſtribution peut d'autant mieux ſe faire qu'avant qu'il ſoit queſtion de la grande culture qui ne commence qu'au printems, on eſt en état pendant l'hyver (quand il ne géle point) de faire les labours pour les Mars. Les pluies même ne leur ſont point contraires dans les terres ſeches & légères, parce qu'elles ne ſont pas ſujettes à ſe gazonner.

D'ailleurs les ſemences de grains de Mars ſe ſuccédent les unes aux autres ; d'abord les Avoines, depuis Février jusqu'à la moitié du mois d'Avril ; ensuite les Orges, jusques dans tout le courant de Mai ; après les Sarrasins, depuis la S. Jean jusqu'à la fin de Juillet.

Ainsi un Laboureur entendu, qui a beaucoup de terres à faire valoir dans son corps de Ferme, indépendamment de ce qu'il jugera pouvoir être en grande culture, peut très-bien s'arranger pour avoir encore une petite culture qui ne l'occuperoit que pendant l'hyver, & qui lui rapporteroit tous les ans beaucoup de grains de Mars, indépendamment de ceux qu'il tireroit de sa grande culture.

ARTICLE III.

Du Délabrement de l'Agriculture en France.

A L'EXCEPTION des environs de Paris, & de quelques pays & cantons où la Nature a établi des Prairies, pour nourrir des Beftiaux, toutes nos terres en général, prifes enfemble l'une dans l'autre, ne produifent pas annuellement, ni la moitié, ni le tiers, ni le quart de ce qu'on pourroit en tirer; il y en a même qui ne rapportent plus rien, quoique labourées & cultivées tous les ans.

Quoique cela paroiffe exagéré; quoique cela n'ait pas encore été avancé; cependant il eft facile de le faire concevoir, & même de le démontrer.

Au

Au moyen de quelques obſervations on y parviendra.

1°. L'eſtimation générale du produit actuel de nos Terres dans l'intérieur du Royaume ne va tout au plus, année commune, qu'à cinq pour un.

Un arpent qui aura été enſemencé avec un ſeptier de froment ou de ſégle, n'en rapporte que cinq ; on ſuppoſe que celui de froment eſt du poids de 160 livres.

Ainſi, dans un corps de ferme de 300 arpens, qui ſera partagé dans les trois ſoles ordinaires, celle des bleds de 100 arpens, par an, qui aura été enſemencée avec 100 ſeptiers, n'en rapporte qu'environ 500.

Il en eſt de même à proportion de la contenance de tous les autres corps de ferme qui ne rapportent qu'à raiſon de cinq pour un.

B

Bien-loin que cette estimation générale puisse être contestée , nos Laboureurs la trouveront même trop forte ; en tout cas, elle n'en servira que mieux à faire voir qu'on n'a point exagéré le mauvais état de nos Terres.

IIº. Dans ces cinq pour un , qui font tout leur produit annuel , il faut nécessairement en prélever quatre pour l'acquit des frais de gestion , charges & impôts , & il n'en peut rester que le cinquiéme de produit net , pour payer le Propriétaire ; & voici comment.

Dans ce corps de Ferme de 300 arpens, dont la sole des bleds , montant tous les ans à 100 arpens, ne rapporte , année commune, que 500 septiers , à raison de 5 pour 1 : il s'agit 1º. de 100 septiers pour la semence ; 2º. de 100 septiers pour les frais de sciage, de battage, de fauchage, de nourriture de Moissonneurs, & de payemens de gens de journée; 3°. de 100 autres septiers, pour la subsistance du ménage, pour le paye-ment des gages de Domestiques, du Berger & du Pastre, pour payer le molage du grain qu'on mange, & l'achat du sel qui fait une forte dépense ; 4°. indépendamment du déchet qui survient toujours au bled, depuis qu'il est sorti de la grange, qui est même assez considérable, quoi-qu'on n'y fasse pas attention, il faut encore 100 septiers pour payer le Charron, le Maréchal, le Bourre-lier, & pour acquitter les impôts de Tailles, Capitation, Ustensiles, Cor-vées, &c.

Soit qu'il soit question de récoltes de froment ou de ségle, c'est tou-jours la même dépense à proportion.

En joignant à tous ces articles le dépériſſement des Chevaux & de tout ce qui ſert à l'exploitation de la Ferme, en y joignant encore les frais de Communautés, comme de Milice, de réparation de Presbytère, de Nef, de droits Seigneuriaux, qui ſont quelquefois aſſez conſidérables, &c. on voit que ces 400 ſeptiers ſont ſi bien employés, qu'il ne peut reſter de ce corps de Ferme, qu'environ 100 ſeptiers de produit net ; & c'eſt encore beaucoup.

Il convient d'ajouter que la ſole des Mars ne doit point être comptée dans ce qui fait le revenu d'un corps de Ferme.

Comme elle eſt toujours deſtinée pour la nourrirure des Beſtiaux & des Chevaux qui ſervent à l'exploitation, on ne peut y rien prendre, n'y ayant que la ſole des bleds qui puiſſe ſervir à payer le Propriétaire ; encore faut-il que le Fermier ſacrifie ce que peut lui rapporter ſa petite baſſe-cour.

Ce détail doit frapper le Gouvernement, & mérite ſa plus grande attention, découvrant auſſi poſitivement la miſère des Campagnes de tout le Royaume.

Il doit faire le même effet ſur tous les Propriétaires, & leur ouvrir les yeux ſur la ſituation de leur corps de Ferme ; il doit même leur apprendre à les louer à un prix plus modéré que celui qu'ils exigent. On verra tout cela dans le *Manuel* qui eſt pour eux, & qui compoſe la ſeconde Partie de cet Ouvrage ; mais il faut faire attention qu'il n'eſt queſtion dans cet Article, que des Terres qui ſont ſans Prairies, ou qui n'en ont pas aſſez, & qui ne rapportent que cinq pour un, & même au-deſſous.

Quoique nos Terres ſoient généralement bonnes en France, encore peut-on dire qu'il y en a beaucoup moins de celles-ci, que d'autres.

Si on veut donc parvenir à faire un cadaſtre général de toutes nos Terres labourables, bonnes, médiocres & mauvaiſes, dans toute l'étendue du Royaume, il ne ſera réputé juſte & exact qu'autant qu'on aura fait attention au détail qu'on vient de donner, qui apprend ce qu'il convient de prélever, avant que de fixer leur véritable eſtimation, année commune.

III°. En ſuppoſant que nos Terres rendiſſent au-delà de cinq pour un, & même moins, quand les 100 arpens du corps de Ferme qu'on vient de citer, rendroient juſqu'à 800 ſeptiers, ou n'en rendroient feulement que 300, ce font toujours à peu près les mêmes frais & les mêmes charges & impôts qu'on vient de détailler.

IV°. Enfin (pour quatriéme & dernière Obfervation) pour peu qu'on ait d'expérience dans l'Agriculture, on conviendra qu'un arpent qui ne rapporte que cinq pour un, dans fon produit ordinaire, peut rendre, année commune, fix, fept & même huit pour un, en lui donnant la culture qui lui convient ; & que 100 arpens, qui font mis en pleine valeur, peuvent rapporter, au lieu de 500 feptiers, jufqu'à fix, fept & même huit cents.

Au moyen de ces quatre Obfervations inconteftables, on doit voir préfentement que le délabrement de nos Terres eft tellement dans le vrai , que le revenu , c'eſt-à-dire le produit net peut en être doublé , triplé , quadruplé & pouſſé même audelà , puiſque 100 arpens , qui ne rapportent que 500 ſeptiers , à raiſon de cinq pour un ; & dont il ne reſte , tous frais faits , que 100 ſeptiers , étant mis dans le cas de rapporter annuellement juſqu'à ſix , ſept & huits cents , peuvent donner de reſte deux cents , trois cents & même , quatre cents ſeptiers.

Il eſt donc bien démontré qu'un corps de Ferme peut rapporter le double , le triple , le quadruple , &c. de ce qu'il rapportoit ordinairement , dans le temps qu'il ne produiſoit qu'à raiſon de cinq pour un ; puiſqu'il ſuffit qu'il rende le double , le triple , le quadruple de ce qu'il en reſtoit pour lors , tous frais faits , tant de geſtion que d'impôts , n'étant pas queſtion qu'il rende au double & au triple de ce qu'il produiſoit au total.

Il eſt donc encore bien démontré qu'on peut parvenir à faire monter un corps de Ferme, qui n'étoit loué que 1000 liv. juſqu'à 2000 liv. 3000 liv. & même 4000 liv.

Des avantages auſſi conſidérables, qui ne ſont pas imaginaires, qu'on peut ſe procurer, & qui ne demandent pour commencer à en jouir qu'environ une dixaine d'années & même moins, ſuivant le plus ou le moins du beſoin des terreins qu'il s'agit de rétablir, comme on le fera voir ci-après, ne méritent-ils pas qu'on y faſſe la plus grande attention, puiſqu'en s'appliquant à mettre nos Terres en pleine valeur, il y auroit tant à gagner ?

C'eſt ce qu'a éprouvé l'Auteur des *Prairies Artificielles*, qui eſt parvenu à plus que quintupler le produit **net** de fon corps de Ferme, qui ne rapportoit rien, c'eft-à-dire, qui ne rapportoit au plus que trois à quatre pour un.

On peut dire, que de toutes les expériences qui ont été faites jufqu'à préfent dans l'Agriculture, pour apprendre comment il faut s'y prendre pour parvenir à augmenter le produit de nos Terres, il n'y en a point qui foit auffi frappante & **qui** puiffe s'exécuter auffi généralement & avec auffi peu de frais, comme on le verra ci-après.

Il vaut donc mieux commencer par rétablir ce qui eft en culture, & s'y appliquer férieufement, que de s'adonner à des défrichemens qui ne peuvent bien s'exécuter dans le Ròyaume, que quand la population des Campagnes y fera augmentée;

ce qui ne manquera pas d'arriver au fur & à mesure qu'on réparera nos Terres, & qu'on les mettra dans la valeur qu'elles peuvent avoir. On n'y sera pas plutôt parvenu, que les défrichemens deviendront nécessaires, & que les gens de la Campagne s'y porteront d'eux-mêmes.

Voilà quelle doit être la marche des défrichemens qui ne peuvent jamais se faire, ni réussir autrement.

ARTICLE IV.

Des véritables causes du délabrement de l'Agriculture.

ÉTant démontré que, généralement parlant, nos Terres, tant en France qu'ailleurs, ne rendent que la moitié, que le tiers & même que le quart de ce qu'on pourroit en tirer, il est donc bien intéressant de découvrir ce qui occasionne un si grand délabrement.

On ne peut l'attribuer, sans craindre d'être contredit, qu'à trois causes 1°. aux routines des Laboureurs ; 2°. au défaut de Prairies ; 3°. aux impositions & charges dont nos Laboureurs sont tenus aujourd'hui ; c'est ce qui se vérifiera de plus en plus dans ce *Manuel*.

I°. Les routines des Laboureurs consistant à toujours opérer de même, sans distinction de terrein, il sera prouvé dans l'Article suivant, que cette conduite est tellement opposée aux principes que leur apprend la méthode qui est contenue dans chacune de leurs pratiques locales, qu'elle ne peut que jetter & répandre le plus grand désordre dans l'Agriculture.

En attendant, voici un exemple qui commencera à le faire concevoir.

Supposé que, dans une pratique locale, il soit question parmi ſes uſages de labourer à raiſon de quatre à cinq pouces, par rapport à la qualité du terrein dominant du terroir ſur lequel elle eſt établie, qui ne permet pas de foncer plus avant; ſi le terrein qu'on a à cultiver eſt différent, & s'il ſe trouve avoir juſqu'à dix à douze pouces de bonne terre bien ſuivie & bien ſoutenue, quel tort un Laboureur ne ſe fait-il pas, en ne les cultivant qu'à raiſon de quatre à cinq pouces ? puiſqu'en le fouillant plus profondément avec ſa charrue, pour faire remonter la terre de deſſous & pour la ſubſtituer à celle de deſſus; il s'en procure une nouvelle qui produira beaucoup plus que l'ancienne.

Cette ancienne terre, qui a toujours produit & travaillé, & qui par conséquent ne peut-être qu'épuisée, est bien dans le cas de ne rapporter qu'à raison de cinq pour un, tout au plus ; au lieu que la nouvelle terre, ne pouvant manquer de rendre jusqu'à six, sept & même huit pour un, par Arpent, doublera, triplera & quadruplera son produit ordinaire ; ce qu'il est aisé de concevoir, en se rappellant ce qui a été dit dans l'Article précédent.

Il en est de même des autres opérations de l'engrais & de la semence, que le Laboureur n'exécute pas mieux, en les faisant toujours de même, sans distinction de terrein ; ce qui occasionne encore un aussi grand désordre.

Ce qui se passe sur ce terrein particulier qu'on vient de donner pour exemple, se passe sur toutes nos terres, dans tous nos corps de Ferme qui, étant généralement très-mal labourés, très-mal amandés, & trèsmal semés, ne rapportent pas moitié, ni même le quart de ce qu'on pourroit en tirer.

On ne disconvient point qu'il n'y ait quelques bons Laboureurs qui se servent mieux de leur pratique locale, mais le nombre en est si peu considérable, qu'il ne sçauroit en imposer, à moins qu'on ne répande dans les Campagnes des instructions qui apprennent à tous les autres comment il faut s'en servir; c'est ce qu'on n'a pas encore fait, & voilà pourquoi le mal subsiste toujours.

II°. La seconde cause du délabrement de notre Agriculture, qui consiste dans le défaut de Prairies,

occasionne encore bien du dépé-
rissement dans nos Campagnes.

Si on faisoit usage, comme on le
peut, des plantes de Sainfoin, de
Luzerne, de Trefle, &c. que l'Auteur de la Nature nous a données
pour suppléer aux Prairies, la France, en peu d'années, se verroit dans
toute son étendue également fertile
& peuplée.

Pour s'en convaincre, il ne s'agit
que de comparer les cantons où la
Nature a établi des Prairies, avec
ceux qui en sont privés, & qui contiennent infiniment plus d'étendue.

Pour s'en convaincre encore, il
ne s'agit que de faire attention que,
sans les Prairies, soit naturelles, soit
artificielles, & sans les Bestiaux, il
n'est pas possible d'effectuer, comme
on le doit, l'opération de l'engrais,
qui est si nécessaire, & qui augmente

aussi

auſſi prodigieuſement en tout genre les productions de nos Terres, lorſqu'elle eſt bien réglée, juſqu'à en doubler, tripler & même quadrupler le revenu; c'eſt ce qu'on développera davantage dans la ſuite.

Ces deux vices étant auſſi évidemment les vraies & principales ſources du dépériſſement de notre Agriculture, il eſt certain que, tant qu'on ne commencera point par travailler à les tarir, tout ce qu'on pourra faire d'ailleurs pour la rétablir & la relever ſera inutile.

III°. Il y a une troiſiéme cauſe qui contribue encore au dérangement de notre Agriculture, qu'on ne doit point déguiſer, & à laquelle il faut auſſi remédier, puiſqu'on peut dire que le bonheur & la richeſſe de l'État en dépendent.

Elle conſiſte dans les impoſitions

& charges de nos Laboureurs, côm-
me Tailles , Capitation , Corvées,
&c. qui ont été détaillées ci-deſſus.

Elles ſont ſi conſidérables qu'ils
peuvent à peine acquitter leurs re-
devances envers les Propriétaires ,
& que ceux-ci de leur côté ſont
très-embarraſſés de payer les impôts
dont ils ſont auſſi chargés.

Ne conviendra-t'on pas (Et cela
peut-il être conteſté ?) qu'en mettant nos Terres en état d'être dou-
blées & triplées ; c'eſt-à-dire de
rapporter en produit net deux à
trois fois plus qu'on n'en retire aujourd'hui , comme on vient de le
faire comprendre ci-deſſus, ce ſera
le vrai moyen de mettre les Propriétaires & les Laboureurs, bien au-
deſſus des impôts & charges qu'on les
oblige d'acquitter.

Pour y parvenir, il ne s'agit que

de retirer nos Laboureurs de leur routines, & de travailler à remédier au défaut de Prairies dans tous les endroits qui en manquent, ou qui n'en ont pas affez.

L'Article fuivant commencera par apprendre ce qu'il faut faire pour retirer infailliblement tous nos Laboureurs de leurs routines.

ARTICLE V.

Des pratiques locales, & comme leur établiffement renferme & contient la feule & véritable méthode de l'Agriculture.

À Moins qu'on ne donne aux gens de la Campagne l'explication de leur *Livre d'Agriculture*, qui confifte & qui ne confiftera jamais que dans leurs pratiques locales, & à moins qu'on ne leur faffe connoître la dé-

ſtination dès uſages qu'elles contiennent, chacune ſur leurs opérations, ils reſteront toujours dans leurs
routines, c'eſt-à-dire qu'ils cultive-
ront toujours mal.

Quoique ce ſoit abſolument la
première choſe, par laquelle il faut
commencer pour rétablir notre Agriculture & pour mettre nos Laboureurs bien au-deſſus de toutes leurs
impoſitions & charges; néanmoins,
dans tout ce qu'on débite & écrit
aujourd'hui ſur ce qui la concerne,
il n'en eſt ſeulement pas fait la moindre mention.

Au contraire, toutes les nouvelles méthodes ne travaillent qu'à décrier & détruire nos pratiques locales.

Parceque nos Laboureurs cultivent mal, & parcequ'ils ne ſe condui-
ſent que par leurs routines, on en a

conclu qu'elles étoient défectueuses,
& qu'il falloit les réformer.

Parceque des Horlogers feront
mal des Montres & des Pendules,
s'ensuit-il qu'il faille supprimer leur
Art, & leur en donner un autre?

Il ne faut pas s'étonner que les
Auteurs de ces nouvelles méthodes
se soient égarés jusqu'à ce point;
puisque, pour bien connoître les pratiques locales, il faut avoir pratiqué long-tems.

Cependant on a tellement ap-
plaudi à toutes ces nouvelles Méthodes, qu'elles ont trouvé quantité de Partisans.

Le *Traité des Prairies artificielles*,
avoit annoncé sur les engrais une
maxime qui ne peut que résulter
de chaque pratique locale bien entendue, laquelle fait même le principe de la méthode qui en résulte,

& qui contribueroit tant à rétablir nos Campagnes, en y répandant l'abondance : cependant ce Traité n'a pas été, à beaucoup près, aussi bien reçu que ces nouvelles méthodes qui ne peuvent réellement servir qu'à embrouiller de plus en plus notre Agriculture, & qu'à la faire enfin méconnoître.

Il s'agit donc d'apprendre ce que c'est que ces pratiques locales, qui sortent comme autant de branches de la pratique générale de l'Agriculture. Aussi cette pratique générale est universellement divisée & partagée en autant de pratiques locales qu'il y a de Pays, de Cantons, &c. Il n'y a même point de terroir qui n'ait chacun sa pratique locale, quoi qu'elle puisse se trouver la même sur plusieurs.

Qu'on les parcoure, tant qu'on

voudra, & qu'on les examine bien,
on verra qu'elles commencent par
apprendre, tant en général que féparément, que l'Agriculture confifte
généralement dans les opérations
du labour, des engrais, des femences, & que, pour les mieux faire réuffir, on a recours aux jachères qui
donnent aux terres le repos dont
elles peuvent avoir befoin.

On verra qu'elles apprennent encore, tant en général qu'en particulier, les différentes façons de les
exécuter, avec quelle méthode, &
fur quels principes.

On verra enfin que tout ce'a fe
découvre par l'établiffement des différences d'ufages qui fe trouvent
généralement entre elles, & par
l'établiffement des ufages qui fe
trouvent dans chacune.

Pour développer ce que perfonne

n'a encore entrepris, il convient de commencer par dire ce qu'on entend par *Pratiques locales*, en ajoutant à la définition qu'on va en donner, quelques éclaircissemens néceffaires qu'on ne pourra contefter.

I° On entend par *Pratiques locales*, une forte de culture confiftant en certains ufages fixes & déterminés, qui font établis de tems immémorial dans un Canton, un Pays, un Terroir; tant fur le labour, les femences, les engrais, que fur les jachères & fur les inftrumens dont on doit fe fervir pour travailler la terre.

II°. Ces ufages fixes & déterminés, n'ont pu être établis que fur les fortes de qualités générales & communes qui fe trouvent fur le terrein dominant d'un Canton, d'un Terroir; & ils n'ont pu l'être, comme ils le font, qu'en employant l'examen de ces fortes de qualités , & qu'en employant l'expérience.

On n'y feroit jamais parvenu , fi on avoit tenté de ne les établir que fur les diverfités & fur les nuances qui fe trouvent toujours dans chacune de ces fortes de qualités générales & communes ; parceque le plus ou le moins de ces nuances ne pouvant fe définir, & parceque, n'étant pas poffible de découvrir jufqu'à quel dégré l'un ou l'autre peut aller & s'étendre , quand même on s'obftineroit à vouloir le pénétrer & le creufer par l'examen le plus férieux, ce n'eft point par ce moyen qu'on peut parvenir à connoître les cultures qui conviennent à ces fortes de qualités générales & communes : on doit concevoir que ce n'eft que par l'expérience , qui eft

un moyen bien plus court, bien plus
sûr, & même le seul dont on doive
se servir.

Il convient donc de sçavoir faire,
sur un terrein, la distinction des
sortes de qualités générales & communes qu'il peut avoir, d'avec les
nuances & diversités qui se trouvent
dans chacune.

Tout cela s'éclaircira encore
quand on traitera de l'examen des
terreins & de l'expérience, en donnant le détail de ces sortes de qualités.

III°. On ne disconviendra point
qu'indépendamment du terrein dominant qui se trouve sur un Terroir,
sur un Canton, il n'y ait encore
d'autres terreins particuliers d'une
moindre étendue, qui ont chacun
aussi leur sorte de qualités générales & communes, mais différen-

tés de celles du terrein dominant,
& qui leur font même oppofées ; en
voici un exemple.

Les fortes de qualités générales
& communes du terrein dominant
d'un Terroir, feront, 1°. d'être aifé
à labourer ; parceque les terres y
font féches & légères, 2°. d'être
d'une qualité médiocre, 3°. de n'a-
voir que peu de fond de terre, &
que ce qu'il en faut pour faire réuffir les grains & femences qu'on y
employe, 4°. de ne point retenir
les eaux de pluie, 5°. de n'être point
fujet à pouffer des herbes.

Quoique ces fortes de qualités
y dominent, & quoi qu'elles ayent
donné lieu à la Pratique locale qui
s'y trouve établie, cela n'empêche
pas qu'il ne puiffe fe rencontrer,
dans fon étendue, d'autres terreins
particuliers, dont les fortes de qua-

lités générales & communes, seront,
1°. ou d'être difficiles à labourer,
parceque les terres y sont pesantes,
humides, glaiseuses, compactes,
&c. 2°. ou d'être d'une bonne qualité, 3°. ou d'avoir beaucoup de
fonds de terre, 4°. ou d'être sujets à
retenir les eaux, 5°. ou d'être très-
sujets a pousser des herbes.

Ainsi il est clair que, lorsqu'on
a établi les Pratiques locales sur chaque Terroir, sur chaque Canton,
n'ayant pas été possible d'entrer en
même-tems dans le détail des sortes
de qualités générales & communes
des terreins particuliers qui se trouvoient dans leur étendue, ni encore moins de leur faire à chacun
une pratique particulière ; on a entendu qu'au lieu de leur appliquer
la Pratique locale, qui ne leur convient nullement, ce seroit au Cul-

tivateur, pour les bien cultiver, à
fe faire une pratique particulière fur
les mêmes principes dont fe font
fervis ceux qui ont établi les Pratiques locales.

IV°. Un Terroir eft une étendue
de terrein plus ou moins confidérable, ordinairement d'une lieue ou
de deux, qui dépend d'une Com-
munauté, comme d'une Ville, d'un
Bourg, d'un Village, d'un Hameau,
& qui eft cultivé par ceux qui l'ha-
bitent.

V°. Le terrein dominant d'un
Terroir, eft celui dont les fortes de
qualités générales & communes font
plus remarquables & plus dominan-
tes que celles qu'on peut encore
y trouver fur des terreins particuliers; elles font ainfi appellées *générales* & *communes*, parceque les
unes ou les autres fe rencontrent fur
tout terrein.

VI°. Enfin on ne contestera point que ce ne sont que les sortes de qualités des terreins dominants des Terroirs, qui ont occasionné toutes les différences d'usages qui se trouvent entre toutes les Pratiques locales.

Tout cela posé, & tous ces éclaircissemens donnés, il ne sera pas difficile de faire voir que toutes les Pratiques locales, tant en général que séparément, en quelque pays, & chez quelque Nation que ce soit où on cultive, apprennent les vrais principes de l'Agriculture ; qu'on ne peut les bien connoître que par elles ; & que dans l'établissement de sa Pratique locale, tout Laboureur peut trouver la véritable méthode qu'il doit suivre pour bien cultiver le terrein qu'il a à faire valoir, quelques sortes de qualités qu'il puisse

avoir, & fi oppofées qu'elles puiffent être aux fortes de qualités du
terrein dominant de fon Terroir.

PREMIÈREMENT, elles les apprennent par les différences d'ufages qui fe trouvent généralement
entr'elles.

Qu'un Laboureur, ou un Propriétaire qui fait valoir par lui-même, dont l'intention feroit de vouloir s'inftruire par l'examen de plufieurs pratiques locales, ait la curiofité de parcourir les Terroirs cir-
convoifins, & même d'aller plus loin;
plus il s'éloignera, plus il s'apper-
cevra des différences d'ufages qui
fe trouvent entr'elles.

Il apprendra qu'on laboure, non-
feulement *à plat*, qui eft la façon
la plus ordinaire ; mais encore *par
bandes & par planches* ; que le labour
fe fait plus ou moins profondé-

ment; qu'on en donne plus ou moins;
qu'il se fait avec des chevaux ou
avec des bœufs, en se servant de
charrues à oreille ou à versoir, & de
charrues à roulettes ou sans roulettes; que sur la quantité de semence employée par arpent, il y a des
différences qui vont jusqu'au tiers,
ou à la moitié; qu'il en est de même sur la quantité des engrais, &
qu'on en fait de toute sorte; il verra
qu'on commence plus tôt ou plus tard
les semences : enfin il remarquera
que les jachères sont généralement
observées, avec cette différence, cependant, qu'il y a quelques cantons
& contrées où elles ne le font pas.

Voilà donc les différentes façons
d'exécuter les opérations de l'Agriculture, & les différences d'usages
qui subsistent.

Si ensuite il réfléchit sur toutes

ces

ces différences d'ufages qui fe trouvent entre les Pratiques locales ,
n'en conclura-t-il pas, (fuppofé qu'il
ait pratiqué, & qu'il ait acquis une
certaine expérience,) que, n'étant
toutes occafionnées fur les Cantons
& Terroirs qu'il aura parcourus ,
que par les différences qui fe trouvent entre les fortes de qualités générales de leurs terreins dominans ,
elles apprennent ce grand principe :
*Qu'il faut ajufter & proportionner les
opérations de l'Agriculture à toutes les
différences de terreins qui fe rencontrent*;
& que ce principe, depuis que l'A-
griculture fubfifte, eft généralement
reçu, adopté & reconnu dans toutes les Pratiques locales du monde
entier ?

Ne conclura-t-il pas de l'établiffement de ce principe, 1°. Qu'il faut
examiner les fortes de qualités gé-

nérales & communes des terreins, qui commencent par indiquer les cultures qui leur conviennent ? 2°. Que comme, pour s'en affurer, il n'eft pas poffible d'approfondir & de creufer toutes les diverfités & nuances qu'elles peuvent avoir chacune, on ne peut fe difpenfer d'avoir recours à l'expérience, pour apprendre à les fixer & à les déterminer. 3°. Qu'on ne peut fe difpenfer de fçavoir & de connoître les différentes façons d'exécuter les opérations de l'Agriculture, relativement aux fortes de qualités de terreins qui peuvent fe rencontrer.

SECONDEMENT, toutes les Pratiques locales, confidérées féparement, apprennent encore ces mêmes principes par l'établiffement & la deftination des ufages qui font contenus dans chacune.

On a déja dit que tous les ufages qui fe trouvent dans chaque
Pratique locale, ne peuvent avoir
été établis que fur les fortes de qualités générales des terreins dominans
des Terroirs, & non fur les qualités
des terreins particuliers qui s'y rencontrent.

Or, ces ufages n'ayant pas été re-
glés & ajuftés comme ils le font fans
employer l'examen de ces qualités
générales, fans le fecours de l'expérience, & fans la connoiffance des
différentes façons d'exécuter les opérations de l'Agriculture, &c. il eft
évident que l'établiffement des ufages de chaque Pratique locale, apprend encore à tout Laboureur, en
particulier, les vrais principes de
l'Agriculture, & la véritable méthode qu'il doit fuivre pour bien cultiver.

D ij

Il est donc bien démontré que le Laboureur ne doit pas appliquer, aussi indistinctement qu'il le fait, sa Pratique locale sur tout terrein.

Il faut au contraire, (conformément à l'intention des premiers Cultivateurs qui ont établi les Pratiques locales) qu'il ne la regarde que comme une méthode qui lui apprend qu'on ne peut se dispenser d'employer l'examen & l'expérience sur les qualités de terreins qu'il a à cultiver, quand elles sont différentes de celles du terrein dominant de son Terroir.

Ainsi, pour agir plus sûrement dans tout ce qu'il a à cultiver, il doit, à l'exemple de ce qu'on a fait pour établir sa Pratique locale, se comporter de même, pour se faire une Pratique particulière sur tous les terreins particuliers qu'il peut rencontrer, en se réglant toujours sur le principe de sa Pratique locale, qui est, qu'il faut ajuster & proportionner les opérations de l'Agriculture à toutes les sortes de qualités de terreins qu'il a à cultiver.

POUR ne laisser rien à désirer sur l'exécution de cette méthode, nous ajouterons que les Pratiques locales donnent encore les instrumens les plus propres & les plus convenables pour bien travailler la terre.

Les charrues étant toutes à versoir ou à oreille, il n'y a point de terrein labourable, si difficile qu'il puisse être, qui, par le moyen de l'une ou de l'autre, ne puisse être bien ameubli, bien retourné, bien fouillé, & même renouvellé, lorsque le fond le permet.

Ne pouvant être exigé rien de plus

de l'ufage d'une charrue, à quoi donc peuvent fervir toutes les inventions nouvelles en ce genre, propofées par M. Thull & par d'autres ?

Nos Laboureurs, nos Gens de Campagne, qui tiennent toute notre Agriculture, & qui font fi fort attachés à leurs habitudes, pourront-ils jamais fe déterminer à s'en fervir, quand ils verront qu'elles ne leur procureront, ni plus d'avantages, ni plus d'utilités que les inftrumens dont ils fe fervent.

Il y a encore l'invention du Semoir, fur lequel quantité d'Amateurs de l'Agriculture travaillent tous les jours pour parvenir à le perfectionner & à le rendre moins couteux.

Quoique cette invention foit l'effet d'une grande imagination, & qu'on mette tout en œuvre pour l'introduire, cela n'empêche pas qu'elle ne soit très-inutile dans notre façon de cultiver, n'étant nécessaire que dans la pratique de la nouvelle méthode.

C'est ce que l'on verra dans la réfutation qu'on se propose de faire ci-après de la nouvelle méthode de M. Thull.

En attendant, écoutons ce que dit Olivier de Serre, de toutes les nouvelles inventions, dans son *Théatre d'Agriculture, chap. 2, pag. 81, 82, dédié au Roi Henri IV, & imprimé en* 1600. Ayant fait valoir par lui-même, sa Terre de Pradel, pendant soixante ans, on peut le citer.

Après un grand détail, sur toutes les différentes Pratiques locales qui font observées dans les Provinces du Royaume, & dans tous les différens cantons qui s'y trouvent, il commence par dire : *Qu'il faut bien se donner de garde d'y toucher, ni d'y rien changer.*

Il n'en dit pas davantage , parceque , pour lors, on ne foupçonnoit nullement qu'on s'aviferoit jamais de les vouloir réformer , ni encore moins de leur fubftituer de nouvelles méthodes.

Il ne parle donc que des nouvelles inventions , au fujet des inftrumens dont on fe fert dans toutes les Pratiques locales pour travailler la terre.

Apparemment que de fon tems il y avoit déja quelques Agriculteurs de Cabinet, qui en vouloient donner de leur invention ; auffi , après avoir rapporté cet Oracle de Caton : *Ne change point de Soc* , ayant pour fufpecte toute *nouvelleté* , il ajoûte :

» Et de fait, ceux fe font faits

» plûtôt admirer qu'imiter, qui ont
» inventé de nouveaux Socs, *tant a*
» *de majeſté l'antique façon de manier*
» *la terre*, de laquelle l'on ne ſe doit
» départir que le moins que l'on peut
» & avec grande conſidération. Il eſt
» vrai que les eſprits des hommes
» s'affiniſſent tous les jours, & que,
» pour le préſent, nous pouvons ſça-
» voir ce que nos Peres ont ſçu le
» tems paſſé. *Avec jugement* pou-
» vons-nous y ajouter de nos inven-
» tions expérimentales, pour ſervir
» d'adreſſe à la conduite de nos af-
» faires, ce qu'on ne doit opiniâtre-
» ment rejetter; mais *c'eſt toutefois*
» *avec un juſqu'où*, pour ne pas s'a-
» bandonner à toutes ſortes de nou-
» velles inventions, de peur que,
» par mauvaiſe rencontre, *on ne chée*
» *en moquerie*, étant toujours le guer-
» don d'une trop grande curioſité. »

Quoi qu'Olivier de Serre dife que les efprits des hommes *s'affiniffant* tous les jours, on peut trouver des inventions expérimentées ; cependant il fait affez entendre combien il faut s'en défier, puifqu'il déclare que *ce n'eft qu'avec un jufqu'où* qu'on peut les adopter.

En tout cas, fera-ce un Amateur d'Agriculture, qui n'a jamais expérimenté, ou que très-peu, qui fera capable de les trouver? tandis que de tous ceux qui, jufqu'à préfent, ont véritablement connu l'Agriculture, & qui l'ont pratiquée toute leur vie avec les inftrumens ordinaires, il n'y en a pas un feul qui ait propofé, fur les charrues & fur la façon de femer, aucune nouveauté, parcequ'ils en ont toujours conçu l'inutilité.

Voilà pourquoi Olivier de Serre

décide fi nettement que ceux qui s'a-
vifent de les propofer & de les adopter, *s'expofent à chéer en moquerie.*

On peut donc établir que toutes
les Pratiques locales , qui contiennent chacune tout ce qui peut bien
apprendre l'Art de l'Agriculture , &
qui contiennent encore tout ce qui
peut être ufité , tant pour bien travailler la terre, que pour la bien femer , nous ont confervé *l'antique façon de manier la terre qui a tant de majefté* : & que n'y ayant , par conféquent, que la méthode qui réfulte
de leurs établiffemens, qu'on puiffe
pratiquer , c'eft fe tromper foi-même , & tromper les autres , que
d'en propofer aucune autre qui s'en
écarte.

Combien fe feroit récrié Olivier
de Serre, fi de fon tems il avoit paru
une nouvelle méthode femblable à

celle de M. Thull , qui non contente de détruire les Socs ordinaires
& la façon de femer , fe feroit avifé
d'attribuer à l'Agriculture d'autres
principes & d'autres ufages que ceux
qui ont toujours été reconnus par
toutes nos Pratiques locales ?

Sans-doute qu'en parlant auffi fortement contre les nouveaux Socs
qu'on pourroit propofer , il faifoit
attention à la pofition de notre Agriculture qui fe trouve entièrement
entre les mains des gens de la Campagne ; c'eft à quoi il paroît que
n'ont pas penfé feulement tous ceux
qui propofent des nouveautés.

Dans les premiers fiécles du monde , c'étoient les Propriétaires qui
faifoient valoir par eux-mêmes leur
propres Domaines ; il n'étoit pas
queftion de les louer , ni de les affer-
mer , tous les gens de la Campagne
n'étoient que leurs ferfs.

Pour lors l'Art de l'Agriculture, dont les premiers hommes faisoient tant de cas, parcequ'ils sentoient mieux que nous le besoin qu'on en a, étoit poussé à son plus haut dégré de perfection.

Ils avoient tout inventé ; & dans leurs inventions de charrues & autres instrumens qu'ils nous ont laissés, il n'y a point de doute, qu'ils ne nous ayent donné tout ce qu'il falloit pour bien remuer la terre, pour la renouveller & pour en tirer tout le parti qu'il étoit possible de souhaiter.

Toutes les Pratiques locales qu'ils avoient formées & établies, ne servoient que de méthodes pour apprendre à tout Cultivateur ce qui devoit le régler dans la culture de son terrein ; on ne les appliquoit pas sur toutes les sortes qui se rencontroient auffi indiftinctement qu'on le fait aujourd'hui, & on les entendoit comme elles devoient l'être.

Mais, depuis que notre Agriculture fe trouve entre les mains des gens de la Campagne, qu'ils en font devenus les Fermiers & les Locataires, ceux-ci n'ayant pas compris, faute d'inftructions, l'ufage qu'il falloit faire de leurs Pratiques locales, & ne fe conduifant, par conféquent, que par routines, nos terres font tombées dans le plus grand délabrement, comme on l'a fait voir ci-deffus ; & il s'en faut bien qu'elles foient aujourd'hui de la même valeur qu'elles étoient dans ces premiers fiécles.

PLAN DE CE MANUEL,

Dans lequel on propofe les vrais & feuls moyens de rétablir l'Agriculture.

PUISQU'IL s'agit de donner à nos Laboureurs, pour leur ufage & pour les retirer de leurs routines, la méthode qui fe trouve dans chacune de leurs Pratiques locales, après avoir dit ce que c'eft que l'Art de l'Agriculture, quelles font fes opérations, & quel eft généralement fon grand principe de fécondité, conformément à ce que nous en apprennent ces mêmes Pratiques locales, on traitera dans ce Manuel qu'on donne ici pour eux:

Iº. De l'examen des terreins & des fortes de qualités générales & communes qu'ils contiennent.

IIº. De l'expérience ; comment

on l'acquiert, & quels font fes effets.

III°. Des différentes façons d'exécuter les opérations de l'Agriculture, relativement aux fortes de qualités générales & communes des terreins.

En prenant ainfi nos Laboureurs par leurs Pratiques locales, qu'ils regardent comme leur Livre d'Agriculture, il y a lieu de s'affurer qu'ils recevront avec empreffement la méthode qui en proviendra, & qu'elle leur ouvrira les yeux fur les défauts de leurs routines.

Ce fera une nouveauté qui excitera d'autant plus leur curiofité, qu'on ne s'eft pas encore donné la peine de les inftruire auffi directement.

Croiroit-on que le Traité *des Prairies artificielles* a été copié en entier par l'un d'eux, parcequ'il a fenti

qu'il

qu'il ne s'écartoit point des principes de fa Pratique locale.

Qu'on juge après cela de l'effet
qu'auroit ce *Manuel* dans toutes les
Campagnes, fi on l'y répandoit.

Voilà donc le premier moyen de
réparer notre Agriculture.

Indépendamment des routines de
nos Laboureurs, qui forment la première caufe de fon délabrement, le
défaut de Prairies & de Beftiaux
l'occafionnant encore, & ne pouvant être réparé fans le concours des
Propriétaires avec leurs Fermiers,
on fera voir qu'ils ne peuvent le refufer, & que ce concours contient
l'autre moyen de la réparer complettement.

Il découvrira une vérité qu'il eft
étonnant qu'on n'ait pas encore ap-
perçue jufqu'à préfent, qui eft *qu'on
ne parviendra jamais à faire profpérer*

l'Agriculture en France que par les Pro-
priétaires.

Ces deux moyens font les feuls qu'on puiffe employer pour y parvenir efficacement, tant en France que dans tous les autres Etats où l'on cultive : il n'y en a réellement point d'autres , quoiqu'aucun de ceux qui ont écrit jufqu'à préfent fur cette matière , n'en ayent feulement pas fait la moindre mention.

Quand on a expérimenté l'Agriculture pendant trente années , on a affez d'expérience pour affurer qu'on ne réuffira point autrement.

Or, comme ces deux moyens ne peuvent bien s'effectuer dans toute l'étendue du Royaume , qu'autant que le Gouvernement les protégera & les encouragera , ce *Manuel d'A-griculture* fera divifé en trois Parties.

La première, concernera le Laboureur.

La seconde, le Propriétaire.

La troisiéme, le Gouvernement.

En donnant ainsi à nos Laboureurs la vraie méthode qui soit capable de les retirer de leurs routines, & de leur apprendre à bien cultiver, en donnant encore le seul moyen de parvenir à remédier au défaut de prairies qui ne peut s'éffectuer que par le concours des Propriétaires avec leurs Fermiers, toutes nos terres alors prenant le train de rapporter au double & au triple, il s'ensuivra nécessairement, qu'on remédiera à ce qui occasionne encore la troisiéme cause du délabrement de notre Agriculture, puisque tous les Laboureurs & Propriétaires feront mis bien au-dessus de toutes les charges & impositions dont ils sont tenus aujourd'hui.

Enfin on terminera ce *Manuel* par la réfutation de la nouvelle Méthode de M. Thull, pour faire voir que nos gens de la Campagne ne s'en ferviront jamais, & qu'elle fera toujours propofée inutilement en France & ailleurs, ainfi que fon femoir, pour le rétabliffement de l'Agriculture, quand même il ne feroit queftion que d'en faire ufage feulement dans la façon ordinaire de cultiver.

MANUEL

D'AGRICULTURE,

POUR

LE LABOUREUR.

*Définition de l'Agriculture.
Quelles sont ses Opérations ?
Quel est son vrai Principe ?
En quoi consiste la Méthode
qui en résulte ?*

L'AGRICULTURE est l'Art de cultiver la terre. Étant une science-pratique, elle a nécessairement ses opérations quoiqu'elle ait plusieurs parties; sçavoir, les Terres labourables, les Prairies, les Bois', la Vigne, le Jardin; il ne sera ici queſtion que des Terres laboura- bles, qui en forment tellement la partie eſſentielle & principale, que, communément dans ſa ſignification, on n'entend que cet objet. Il s'agit donc, en ne conſidérant l'A- griculture que du côté des Terres labourables, d'en donner une idée juſte & exacte.

On ne peut mieux la concevoir qu'en la regardant comme un Art qui eſt généralement compoſé du labour, des engrais, des jachères & de la ſemence. Cette idée paroît d'autant plus juſte, que ce ſont tou- tes les Pratiques locales elles-mêmes qui nous apprenent qu'on ne doit pas la concevoir autrement.

C'eſt ce qu'on a vu par l'explica- tion qu'on en a donnée ci-deſſus dans le cinquiéme Article des préliminaires.

Cependant il y a quelques Cantons dont les terres, par leur heureufe pofition, n'ont befoin que d'être labourées & femées, fans qu'il foit queftion d'y employer les engrais & les jachères ; il y a même quelques Pratiques locales entières, où, par le moyen des engrais, on peut fe paffer des jachères ; on en parlera plus amplement quand on traitera des engrais & des jachères, Sections IIe & IIIe, du IIIe Chapitre.

Ces mêmes Pratiques, qui apprennent quelles font généralement les opérations de l'Agriculture, nous apprennent encore que fon principe général de fécondité eft *de les ajufter & de les proportionner à toutes les fortes de qualités qui fe rencontrent fur tout terrein.*

E iv

Ce principe ne pouvant être contesté, il en résulte nécessairement que sa méthode doit consister :

1°. Dans l'examen des sortes de qualités qui peuvent se rencontrer sur le terrein qu'on a à cultiver.

2°. Dans l'expérience du Laboureur.

3°. Dans la connoissance des différentes façons d'exécuter les opérations qu'on vient de détailler, relativement aux sortes de qualités des terreins.

Ces trois Objets formeront autant de Chapitres dont le troisiéme contiendra quatre Sections sur le labour, les engrais, les jachères & les semences.

Puisque cette méthode & son principe sont ainsi appuyés par toutes les Pratiques locales du monde entier où l'on cultive, & qu'ils y sont

généralement reconnus , il faut rejetter toutes les nouvelles méthodes, qui non-feulement admettroient
d'autres principes , mais qui fuppri-
meroient quelques-unes des opérations détaillées ci-deffus , ou feroient des changemens dans la façon
de les exécuter : *Tant l'antique façon
de manier la terre a de majefté ; & doit ,*
fuivant Olivier de Serre , *en impofer !*

CHAPITRE PREMIER.

DE L'EXAMEN DES TERREINS.

I.

Comment on doit examiner les Terreins.

On ne peut nier que rien ne soit si diversifié que la terre, & que ces variétés, dans les sortes de qualités générales & communes qu'on y apperçoit d'abord, ne s'étendent, pour ainsi dire, jusqu'à l'infini.

Cela est si vrai que deux piéces de terre qui seront royées l'une de l'autre, ne se ressemblent pas absolument, quoique paroissant de même qualité; mais avec le tems on y découvre des différences & des nuances ; on les trouvera encore dans deux portions de terre , même les plus petites: ainsi ne pourroit-on pas dire qu'il en eft de la diverfité des terreins comme des vifages dont aucun ne fe reffemble ?

Cela étant, ce n'eft point cette diverfité qu'il faut examiner & approfondir pour connoître les fortes de cultures qu'il convient de donner. Il y a un chemin bien plus court à fuivre, qu'on trouve & qu'on apprend dans la méthode qui réfulte de toutes les Pratiques locales, qui eft de n'examiner que les fortes de qualités générales & communes qui fe trouvent fur tout terrein ; parceque, commençant par indiquer, chacune, les fortes de culture qui peuvent leur convenir, au moyen de l'Expérience qu'on appelle à fon fecours, on parvient à les décider & à les déterminer avec certitude.

Il faut n'avoir pas la moindre teinture de la pratique de l'Agriculture,

il faut même ignorer jufqu'à fes premiers principes, pour ne pas fçavoir
que c'eft principalement l'*Expérience*
qui apprend à bien ajufter & proportionner les opérations de l'Agriculture à toutes les fortes de qualités de
terreins qui fe rencontrent. Où en fe-
roit-on fi, pour y parvenir, il falloit
creufer toutes leurs nuances ?

Quelle idée peut-on donc avoir de
tous ceux qui fe mêlent aujourd'hui
d'écrire fur l'Agriculture ? puifqu'il
n'y en a aucun qui n'ait cherché à
donner les plus grands détails fur toutes les fortes de diverfités qui peuvent fe rencontrer, s'imaginant que
fans cela il n'eft pas poffible de bien
apprendre à donner une bonne culture ; que penfera-t-on encore de
ceux qui ont écrit dans les Provinces pour s'informer de toutes les efpéces particulières de terreins qui

pouvoient se trouver sur chaque Canton, sur chaque Terroir? tandis qu'il n'est question que de connoître leurs sortes de qualités générales & communes, en employant en même tems l'expérience.

II.

Des sortes de qualités générales & communes qui se trouvent sur tout Terrein.

RIEN n'est si aisé que de trouver les sortes de qualités générales & communes qui sont sur tout terrein; mais cette découverte échappera toujours à ceux qui ne sçavent que la théorie de l'Agriculture.

Il faut connoître les Pratiques locales, & sçavoir encore par soi-même quels sont les usages de la Campagne, pour dénommer toutes les sortes de qualités de terreins qui s'y rencontrent.

Quand on parle d'un corps de Ferme, d'un Domaine, d'un Terrein, on dit de l'un ou de l'autre, pour le défigner.

» Il eft facile à labourer, parce- » que les terres y font féches & » légères.

» Il eft difficile à labourer, par- » ceque les terres y font pefantes, » humides, &c.

» Les terres y font bonnes, ou » médiocres, ou mauvaifes.

» Elles ont du fond, ou elles n'en » ont pas, c'eft-à-dire, qu'elles n'en » ont que pour faire venir les pro- » ductions de l'Agriculture.

» Les terres y font fpongieufes, » dit-on encore, quand elles retien- » nent les eaux; ou elles ne le font » pas, quand elles ne les retiennent » pas.

» Enfin elles font plus ou moins » fujettes à pouffer des herbes.

Voilà à quoi se réduisent toutes les sortes de qualités générales & communes qui peuvent se rencontrer sur tout terrein qu'on veut cultiver, & pour cette raison elles sont ainsi dénommées.

En les observant, on ne disconviendra pas qu'elles ne commencent par indiquer chacune la sorte de culture qui peut leur convenir, & qu'indépendamment de cet examen, il faut encore l'expérience du Laboureur pour aider à le décider.

Un terrein, qui paroît bon, commence par indiquer qu'il lui faut moins d'engrais & moins de semences qu'à un autre qui sera médiocre ; cependant, cela ne suffit pas pour bien instruire le Laboureur, il faut qu'il ait recours à son ·expérience pour mieux s'assurer des quantités qu'il convient d'employer.

Un terrein qui a du fond & qui paroît en avoir dix à douze pouces, commence par indiquer qu'on peut le foncer pour le renouveller ; cependant il n'y a encore que l'expérience qui apprendra s'il convient de le faire.

Ces deux exemples suffisent pour faire voir que c'est principalement l'*Expérience* qui apprend comment on doit cultiver tout terrein ; & que, pour y parvenir, il n'est question que de connoître les sortes de qualités générales & communes qui peuvent s'y rencontrer, & non leurs diversités, c'est-à-dire, toutes les nuances qui peuvent se trouver dans chacune. Il faut donc sçavoir en faire la distinction, comme on l'a déja dit ; c'est, pour ainsi dire, l'Alphabet de l'Agriculture ; cependant cette leçon ne laissera pas que de surprendre

dre un peu nos Agriculteurs & nos Ecrivains modernes.

III.

Ce qui occasionne les qualités des bons, des médiocres & des mauvais terreins, & de la différence des sels & des sucs qu'on y trouve.

POUR le bien & l'avantage de l'Agriculture, il n'est pas nécessaire de sonder les causes de toutes les sortes de qualités générales & communes qu'on vient de détailler : nos Fermiers n'ont pas besoin d'une pareille dissertation ; il suffit qu'ils sçachent ce qui occasionne les qualités des bons, des médiocres & des mauvais terreins.

Il est certain qu'ils ne sont tels qu'à raison du plus ou du moins de sels & de sucs qui y sont contenus, qu'on doit regarder comme faisant la pâture de toutes les Plantes que la terre peut contenir & recevoir. Ne pourroit-on pas dire qu'il en eſt de cette pâture, qui eſt dans l'intérieur de la terre. pour les plantes, comme de celle qui eſt ſur ſa ſuperficie, & qui ſert à la nourriture des beſtiaux ?

On y diſtingue la pâture des prés, qui eſt pour le gros bétail, d'avec la pâture des champs, qui eſt plus convenable aux bêtes blanches.

Dans ces ſortes de pâtures, on voit de très - grandes différences, tant du côté de leur qualité, que du côté de leur quantité : on apperçoit les mêmes différences dans tous les ſels & les ſucs de la terre.

Quoiqu'on puiſſe dire qu'ils peuvent convenir à toutes les ſortes de plantes, & qu'elles peuvent s'en nourrir, cependant l'Expérience apprend qu'il y en a qui conviennent mieux, ou qui conviennent moins à certaines plantes.

Voilà pourquoi, par exemple, le Lin, le Chanvre, le Colza, &c. réuf-siffent mieux dans certains terreins que dans d'autres qui paroiffent avoir la même fertilité. Le Froment réuf-fira mieux dans un terrein qui fera un peu gazonneux, que dans un ter-rein leger & fec; & dans ce terrein fec & leger, le Seigle réuffira mieux que dans celui qui convient au Fro-ment.

Ce qui prouve encore que les fels & les fucs ne font pas tous de la même qualité, que la terre en contient qui font de différentes fortes, c'eft ce qui arrive à l'occa-fion de l'alternative des femences & des plantes.

Après un Froment, une Lentille,

qui eſt auſſi un grain d'hyver, reuſ-
ſira beaucoup mieux qu'un Froment
qu'on remettroit encore ; après un
pommier, un poirier, un pêcher,
ou tout autre arbre, ſi on en plante
un qui ſoit d'une eſpéce différente ,
il eſt certain qu'il réuſſira beaucoup
mieux que celui qu'on remettroit,
qui ſeroit de la même eſpéce de celui qui y étoit auparavant, qui ne
pourroit bien réuſſir que dans le cas
qu'on renouvelleroit, & qu'on changeroit le terrein.

Indépendamment des différences
qui ſe trouvent dans les qualités des
ſels & des ſucs de la terre, il y en a
encore une ttès - grande dans leur
quantité.

C'eſt principalement cette différence qui fait les bons, les médiocres
& les mauvais terreins, comme c'eſt
ordinairement le plus ou le moins

d'herbes qui fait les bons , les médiocres & les mauvais prés.

Les Laboureurs ne peuvent encore être trop attentifs à toutes ces
différences de qualités & de quantités qui se trouvent dans les sels & les
sucs de la terre ; non-seulement pour
mieux diriger & ajuster leurs opérations, mais pour le choix des grains
& semences qui peuvent le mieux
convenir à leurs terreins.

Il n'est pas douteux qu'un bon terrein ne contienne plus de sels & plus
de sucs qu'un médiocre : mais ne
pourroit-il pas arriver que des terreins ne seroient médiocres & même mauvais , que parcequ'ayant un
fond qu'on auroit pu fouiller & retourner, à l'effet de le mêlanger avec
le dessus qui est épuisé pour avoir
toujours produit, on auroit négligé
de le faire , en se contentant de les

labourer à la façon ordinaire, qui ne
consiste qu'à les travailler, à raison
de quatre à cinq pouces, tel fond
qu'ils puissent avoir ; c'est ce dont
on traitera dans la suite.

CHAPITRE II.

DE L'EXPERIENCE.

Comment on l'acquiert, & quels font fes effets.

PUISQUE le Laboureur parvient, principalement par fon expérience, à bien ajufter & proportionner les opérations de l'Agriculture fur tout terrein, en n'employant fimplement que l'examen des fortes de qualités générales & communes qui peuvent s'y trouver, il s'agit de lui apprendre à s'en fervir.

Dans l'Agriculture, on entend par *Expérience*, les connoiffances que l'on acquiert en obfervant bien exactement les effets qui réfultent des épreuves qu'on a faites fur un terrein.

Ainſi le Laboureur qui a beſoin d'expérience, & qui ne peut être bien conduit que par elle, ne doit regarder que comme des épreuves toutes les opérations qu'il fait ſur ſon terrein, pour bien examiner, chaque année, les effets qui en réſultent.

Or, pour bien examiner ces effets, & acquérir par leur moyen les connoiſſances qui forment l'expérience, il doit remonter à la cauſe des effets de ſes opérations ; parceque, s'ils ſont défectueux, la cauſe en étant connue, le reméde ſera bientôt trouvé.

C'eſt ainſi que le Laboureur étendra ſes connoiſſances & qu'il apprendra avec le tems à bien cultiver.

Au moyen de l'expérience, on eſt diſpenſé, comme l'on voit, de ſonder toutes les nuances qui ſe trouvent dans un terrein ; & il ne s'agit que de commencer par examiner quelles font les fortes de qualités générales & communes qu'on y apperçoit d'abord.

Par l'Expérience on apprend donc le fecret de l'Agriculture, puifque par elle on parvient à cultiver un terrein auffi bien, & même plus furement, que fi on s'étoit appliqué à connoître toutes fes nuances particulières.

Ce n'eft qu'au bout d'un an qu'on voit, dans l'Agriculture, les effets des épreuves que l'on fait, & même au bout de trois ans qu'on peut faire les comparaifons & les confrontations d'une récolte avec une autre qui proviendra du même champ; ce qui arrive, lorfque tout un corps de Ferme fe trouve partagé dans les trois foles ordinaires de grains d'hyver, de grains de mars & des jachères ; mais, comme ces comparaifons doivent être répétées plus d'une fois avant de pouvoir bien s'inftruire, on doit concevoir qu'il faut bien du tems & bien des années pour former un bon Laboureur, un bon Cultivateur ; & que la fcience de la Pratique de l'Agriculture n'eft pas auffi aifée que bien des gens fe, l'imaginent.

Pour donc bien ajufter & proportionner les opérations de l'Agriculture à toutes les fortes de qualités générales & communes qui peuvent fe rencontrer fur un terrein, il faut encore fçavoir les différentes façons de les exécuter qui leur font relatives : on en va traiter dans le Chapitre fuivant.

CHAPITRE III.

*Des différentes façons d'exécuter les opé-
rations de l'Agriculture, relativement
à toutes les fortes de qualités de terreins.*

PREMIÈRE SECTION.
De l'Opération du Labour.

LE Laboureur devant varier fon labour fuivant les différentes quali-tés des terreins, il faut lui faire con-noître les différentes façons de l'e-xécuter :

1°. On le fait à plat, par Bandes & par Planches.

2°. On ne peut trop le répéter.

3°. On doit foncer le labour, felon que le terrein a plus ou moins de fond.

4°. On apprendra en quel tems

il convient de commencer les labours.

5°. On ajoutera certaines maximes générales qui ne tendent qu'à les perfectionner.

6°. On parlera des charrues qui font ufitées dans toutes les pratiques locales.

7°. On fera voir qu'un Laboureur doit être bien monté.

I

Du labour à plat, par bandes & par planches.

ON laboure *à plat* tous les terreins fecs & lègers, parce qu'ils reçoivent l'eau, & qu'ils ne la retiennent pas; cela veut dire qu'on continue de les labourer fans aucune interruption, jufqu'à ce qu'ils foient finis.

Quand les terreins au contraire font humides & parconféquent fujets à retenir les eaux de pluie ou d'inondation, après avoir été labourés à *plat*, on fait sur ces terreins, à la distance de six à sept toises, plus ou moins de profonds sillons que l'on fonce davantage du côté de la pente pour donner plus de facilité à l'écoulement des eaux; c'est ce qu'on appelle *labourer en bandes*.

Si ces précautions ne suffisent pas, on forme *des planches*, de trois à quatre pieds seulement de largeur, bordées de deux sillons, dont le milieu sera en dos d'âne, ce que le Laboureur exécutera en donnant de l'élévation au milieu de la planche.

Pour former ces planches, on commence par faire dans le milieu un sillon qu'on remplit par un labour fait à droit & à gauche; on continue de même dans toute l'étendue de la piéce de terre, jusqu'à

ce qu'elle foit finie : les petites émi-
nences, qui en réfultent dans le
milieu de chacune des planches,
s'appellent *Billons.*

C'eft ainfi qu'on partage en petites planches tout un terrein, pour
lui retirer plus facilement les eaux
dont l'abondance & le trop long
féjour ne pourroient que nuire aux
grains qu'on y femeroit.

Ainfi, quand dans un terrein, les
eaux ne s'imbibent pas facilement,
on doit le labourer *par planches* & *par
bandes*, nonobftant que l'ufage de la
pratique locale foit de labourer *à
plat*, parceque la qualité générale
du terroir fur lequel elle eft établie,
eft de ne point retenir les eaux.

I I.

On ne peut trop répéter le Labour.

C'EST une maxime généralement reçue & reconnue dans toutes les Pratiques locales, qu'il faut bien adoucir un terrein, & qu'il faut, pour ainsi dire, le pulvérifer.

On peut dire que cette maxime dérive du principe général de l'Agriculture, parceque non-feulement il faut ajufter toutes fes opérations aux différentes qualités des terreins , mais il faut encore les ajufter & proportionner relativement aux plantes qu'elle emploie.

Qu'un terrein foit gazonneux ou léger, qu'il foit difficile ou aifé à labourer , il faut le réduire & l'adoucir , c'eft-à-dire, qu'il faut en détacher tous les petits grains de terre qui le compofent.

Les grands Phyſiciens, qui traitent de l'Agriculture, ſe ſervent du terme de *Molécules* pour exprimer ces petits grains de terre : mais, comme ce *Manuel* n'eſt que pour les gens de la Campagne, parce qu'ils compoſent ſeuls, en France, tout le corps des Agriculteurs, on croit devoir préférer une expreſſion qui eſt plus à leur portée ; ils n'entendroient pas l'autre qui ne convient qu'aux Amateurs de l'Agriculture, & qu'à quelques Propriétaires qui font valoir par eux-mêmes.

Ainſi ce terme de *Molécule* ne pouvant être employé, quoiqu'aſſurement beaucoup meilleur, ſi un terrein eſt extrêmement gazonneux, s'il eſt peſant, humide, compacte, glaiſeux, &c. il n'y a point à héſiter de répéter les labours, & de les répéter juſqu'à ce que les *petits grains*

de

de terre qui les compofent, foient dé-
tachés & féparés les uns des autres.
En voici la raifon :

Les racines des grains, & de toutes les plantes, que l'Agriculture emploie, font mifes bien plus en état
de pénétrer, de s'infinuer, & par conféquent de mieux fuccer les nourri-
tures qui leur conviennent.

Un terrein bien labouré , bien
ameubli, ne fe reffent-il pas mieux
des influences de l'air , du foleil?
Les pluies ne le pénétrent-elles pas
davantage?

Quoique les terreins légers, &
même les plus légers n'exigent pas
tant de labours pour les réduire, encore ne peut-on moins faire que de
leur en donner trois.

Quand ils font pris en tems convenable , ainfi qu'on le verra ci-

après, ils n'en font que plus humides, étant fouvent labourés.

Et même, pour qu'un labour foit bien fait, il faut qu'un terrein foit retourné, à l'effet de mieux mêlanger la terre qu'un bon Laboureur cherche toujours à ramener; ce qui ne peut s'exécuter, fi le travail de la charrue n'eft répété trois fois.

On doit comprendre qu'il n'eft ici queftion que des labours qu'on donne au froment & au feigle, qui font des grains d'hyver, & qu'il ne s'agit point de ceux qu'on donne aux grains de Mars qu'on ne fait que deux fois; l'un avant l'hyver, l'autre au printems, ou plutôt qu'on ne fait qu'une fois au printems, fuivant un mauvais ufage qu'on tâchera, ci-après, de détruire.

On pourroit donner la raifon pour

laquelle ces sortes de grains n'ont besoin que de deux labours, c'est que, succédant ordinairement au froment & au segle, ils sont semés dans des terreins qui ont été extrêmement travaillés, & qui ne peuvent que s'en ressentir.

Il convient d'observer, que ne pouvant parvenir à bien retourner un terrein qu'au troisiéme labour, ce n'est que quand il sera fait qu'il s'agira de le croiser, si la situation du terrein le permet, parcequ'en faisant plutôt le croisement, c'est-à-dire après le premier ou le second labour, il empêcheroit que le terrein ne fût retourné comme il doit l'être ; au lieu que n'étant fait que comme on le propose, après le troisiéme labour, il aura tout le bon effet qu'on peut s'en promettre.

Ce n'est pas entendre le travail du

labour, que de propoſer autrement ce croiſement.

III.

On doit foncer le Labour ſelon que le terrein a plus ou moins de fond.

DE toutes les opérations de l'Agriculture il n'y en a point de plus intéreſſante, qui demande autant d'attention, & qui ſoit plus capable d'améliorer un terrein, que celle du labour, principalement dans ceux qui ont encore un fond de terre au-deſſous de celui qu'exigent ſes productions, à la différence des autres terreins, qui n'ont que ce qu'il leur faut pour les faire venir, dans leſquels l'opération de l'engrais eſt celle qui a le plus d'effet.

Comme les productions de l'Agriculture ne ſont que des plantes annuelles & des plantes fibreufes, qui ne cherchent qu'à s'étendre, il ne faut dans tout terrein labourable qu'environ quatre pouces de fond de terre pour les faire venir ; le froment, dont les racines pivottent & s'étendent plus que celles de toutes les autres, n'en exige pas davantage.

L'Auteur de la Nature l'a ainſi réglé, afin que l'homme, en tel endroit de la Terre qu'il habite, puiſſe trouver à ſe procurer plus facilement ſes beſoins les plus néceſſaires.

Les productions de l'Agriculture n'exigeant pas plus de fond, c'eſt ce qui a occaſionné, dans toutes les Pratiques locales, l'introduction de l'uſage de ne faire les labours qu'à raiſon de quatre à cinq pouces ou environ.

Il ne faut cependant pas s'y mé-

prendre; tous nos Laboureurs, en
se conformant à cet usage, donnent
dans une routine qui porte à l'A-
griculture le plus grand préjudice.

Le principal objet de l'opération
du labour, lorsque le fond le permet, étant de renouveller un terrein, c'est donc plutôt le fond
qu'il peut avoir qu'il faut consulter,
que celui que ces productions peuvent occuper.

Mais, y ayant une aussi grande variation dans le plus ou le moins de
fond de tous les différens terreins,
& même d'un terrein qui paroît d'u-
ne même qualité, il n'a pas été possible à aucune Pratique locale de
statuer autrement sur le fond du
labour.

On a déja vû que, pour le bien
régler, on en a renvoyé la déci-
sion à l'examen & à l'expérience

de chaque Laboureur en particulier.

Au furplus le principe , qui réfulte de l'établiffement de toutes
les Pratiques locales étant qu'*Il
faut ajufter & proportionner les opérations de l'Agriculture à toutes les
différences de terreins qui peuvent fe
rencontrer* , & ce principe étant
auffi généralement reçu & reconnu dans toutes les Pratiques locales, il eft évident que tout Laboureur en particulier, de tel Pays,
de tel Canton que la Terre qu'il
puiffe être , ne doit régler fon
labour que fur le plus ou le moins
de fond que peut avoir le terrein
qu'il a à cultiver.

N'y ayant , en conféquence de
ce principe général , comme on l'a
fait voir ci-deffus, que l'examen du
terrein & l'expérience qui doivent

guider le Laboureur dans toutes ſes opérations, il ne doit ſe confier aux uſages de ſon terroir que relativement à ce principe.

Ainſi la grande ſcience du Laboureur, eſt de connoître ſon terrein, ce qu'il peut avoir de fond, & comment il doit s'y prendre pour s'en aſſurer.

Pour mieux l'inſtruire ſur tout cela, il s'agit de quelques obſervations.

Le terrein qu'il cultive, fait partie du premier lit de la terre.

On ſçait que la terre eſt partagée & diviſée en pluſieurs couches, c'eſt-à-dire en pluſieurs lits. Le premier lit, qui compoſe ſa ſuperficie, eſt ce qu'on appelle *Terrein*; il eſt plus amolli, plus attendri que tous les autres qui ſont deſſous, parcequ'il eſt plus à portée d'être continuellement pénétré par les pluies, les influences de l'air, du foleil, & par les gélées, les dégels, les brouillards, &c.

Dans ce premier lit on trouve une grande diverfité de fond.

Il y a des terreins qui n'ont que cinq à fix pouces; il y en a qui n'en ont que trois à quatre, & qui n'ont que ce qu'il faut pour faire venir les productions annuelles de l'Agriculture; il s'en trouve même qui n'en ont pas affez; ce qui occafionne des terreins incultes & abandonnés.

Cependant on peut y trouver plus de fond, comme de dix à douze, ou de douze à quinze pouces; on en trouve même qui ont jufqu'à deux & trois pieds, quoique de même qualité.

Cette variation fur le plus ou le moins, eft telle qu'elle peut fe ren-

contrer dans ce qui compofe un arpent, & dans moins d'étendue encore.

De façon que quand on trouve
un certain fond, il faut fçavoir s'il fe
fuit & s'il fe foutient.

Il n'y a que ce premier lit que la
charrue puiffe travailler, & qui peut
fervir à l'Agriculture ; le lit qui eft
deffous, qu'on appelle *Tuf*, ne peut
que lui être nuifible, n'étant ordinairement qu'un terrein graveleux, ou
crayonneux, qui commence à fe
former en pierre, & qui, pour cette
raifon, ne pourroit qu'altérer & deffécher le lit de deffus, fi la charrue les mêlangeoit.

On entend même par le terme de
Tuf, une terre dont la couleur eft
différente de celle du premier lit: ainfi
lorfque la charrue la rencontrera, il
faut s'en défier, toute aifée qu'elle
paroiffe à labourer, n'étant, fuivant

les apparences, pénétrée d'aucune des influences qu'on vient de détailler, & qui font si nécessaires pour faciliter la végétation.

Si on veut s'en servir, il faut commencer par en faire l'épreuve en petit.

De façon qu'afin de ne point se tromper dans l'idée qu'on doit se former d'un terrein, il faut que toute la terre qui le compose, pour pouvoir être réputée de même qualité, soit de la même couleur.

On doit concevoir que tous les autres lits qui font après le tuf, font généralement encore bien moins propres à l'Agriculture.

Il faut faire attention que dans l'épaisseur de ce premier lit, c'est-à-dire que dans les terreins qui ont au-delà de ce que les productions annuelles de l'Agriculture peuvent occu-

per, il convient d'y diſtinguer la partie de deſſus qu'elles occupent, qui
ne peut être que d'environ quatre
pouces, & d'y diſtinguer encore la
partie de deſſous, qui contient une
nouvelle terre de même qualité &
de même couleur que celle de deſſus, que la charrue peut fouiller,
rechercher & amener pour le rétabliſſement, l'amélioration & le renouvellement de la partie de deſſus.

Pour entendre comment cette
partie de deſſous peut renouveller
la partie de deſſus par le travail de
la charrue, il faut ſçavoir que ſon
ſoc, enlevant la terre de deſſous, à
chaque labour qu'elle fait, elle la
renverſe en même-tems au moyen de
ſon oreille ou de ſon verſoir, pour
la mêlanger avec celle de deſſus;
de ſorte qu'il ne ſe peut qu'au
moyen de ſon oreille, ou de ſon

verſoir, elle ne renverſe la terre de deſſous pour la mêlanger avec celle de deſſus.

Il faut encore faire attention que, pour bien renouveller un terrein, il ne faut pas moins trouver qu'environ quatre pouces de terre dans la partie de deſſous, c'eſt-à-dire qu'il en faut trouver autant qu'en occupent & qu'en exigent les plantes de l'Agriculture.

S'il s'en trouve davantage, c'eſt-à-dire trois à quatre pouces de plus, le renouvellement s'en fera encore mieux, aura plus d'effets & fera plus durable.

En fin il faut ſçavoir que tel fond de bonne terre que puiſſe avoir un terrein, il ne s'agit que d'en enlever, avec la charrue, environ dix à douze pouces, & même en deux fois, par rapport aux trop grandes difficultés de tirage qui pourroient en réfulter, fur tout dans des terreins forts & pefants, comme ceux qui, pour un labour feulement de quatre à cinq pouces ou environ, exigent quatre ou fix chevaux, ou autant de bœufs.

Dans les terres légères, où on pourroit en enlever facilement davantage, cela ne ferviroit de rien, parceque, dans un fond de dix à douze pouces de terre, on trouve fuffifamment de quoi exécuter le renouvellement dont eft queftion.

Puifqu'il ne s'agit pas d'enlever plus de fond de terre, le Laboureur n'a donc befoin que de fa charrue & de fa pioche pour tâter & fonder fon terrein, pour fçavoir ce qu'il peut avoir de fond, & s'il eft fufceptible de pouvoir être renouvellé.

Une fonde ne le ferviroit pas auffi

bien, puifque, quand même elle lui découvriroit, en quelques endroits de fon terrein, le fond qu'il pourroit fouhaiter, il ne feroit pas auffi affuré qu'avec fa charrue, fi ce fond fe fuivroit & fe foutiendroit également, ce qu'il eft effentiel de fçavoir, y ayant bien des terreins qui, avec l'apparence de beaucoup de fond, ne fe trouvent avoir, quand on les fonde avec la charrue, que cinq à fix pouces qui fe fuivent, à raifon des inégalités qui s'y rencontrent.

On peut donc dire que l'invention de la fonde n'eft pas fi merveilleufe ni fi utile à l'Agriculture qu'on fe l'eft imaginé : dans un bon terrein qui a du fond, on trouvera des fecours & meilleurs & plus furs que tout ce qu'on pourroit tirer des entrailles de la terre.

Pour un terrein qui n'a même

que le fond qu'il lui faut, l'engrais ordinaire des beſtiaux, bien exacte-ment renouvellé, lui conviendra toujours mieux que tout ce qu'on pourroit découvrir avec la ſonde ; il convient mieux de s'en tenir aux reſſources qui ſont plus aiſées, moins diſpendieuſes & qui ſont d'un profit plus aſſuré & même beaucoup plus conſidérable.

Un Propriétaire qui commence à faire valoir, peut cependant s'en amuſer : on n'entend point en inter-dire l'uſage, quoique tous les bons Laboureurs, & ceux qui ſçavent ce que c'eſt qu'Agriculture, ne s'aviſe-ront point d'y avoir recours ; ils la regardent même comme une frivo-lité.

DE toutes les obſervations pré-cédentes, il réſulteque, ſi dans un ter-rein,

rein il ne se trouve qu'environ le fond de terre qu'il faut aux plantes de l'Agriculture pour les faire venir comme quatre à cinq pouces ou cinq à six environ, le Laboureur s'en tiendra à la façon de labourer de sa Pratique locale ; parceque pour lors, ne lui étant pas possible de foncer davantage pour le rétablir & le renouveller, il ne lui restera d'autre parti à prendre que de recourir à l'engrais, & d'en faire usage ; c'est ce que l'on traitera dans la seconde Section de ce troisième Chapitre.

Cependant, comme les plantes de l'Agriculture n'occupent qu'environ quatre pouces, le Laboureur dans tous les labours qu'il fera, s'il veut s'en bien acquitter, ne sera pas dispensé d'examiner, de tâter & de sonder avec sa charrue, ce que son terrein peut avoir de fond au delà de

H

ce que ces plantes exigent, pour, sans rencontrer le Tuf, faire ensorte d'amener toute la nouvelle terre qu'il pourra trouver, à l'effet de contribuer encore à l'amélioration de son terrein, sans que cela le dispense d'avoir recours à l'engrais.

Quand même, avec sa charrue, il n'ameneroit qu'un pouce, deux pouces de nouvelle terre, cela feroit encore d'autant mieux qu'il lui faudroit moins d'engrais.

Un Laboureur, qui entend bien à manier sa charrue, ne s'embarrasse pas même des inégalités de fond qu'elle peut rencontrer; il trouve encore le moyen de se procurer une nouvelle terre.

Aussitôt qu'il apperçoit que celle qu'elle amene, est tant soit peu différente en couleur de celle de son terrein, il ne manque pas de la relever en continuant son labour, & en tâtant toujours son terrein, pour recommencer à le foncer dès qu'il s'apperçoit qu'il a plus de fond.

Dans le tems que l'Auteur des *Prairies artificielles* faisoit valoir par lui-même, sa grande attention étoit que ses Laboureurs entendissent ainsi à manier leurs charrues, & il étoit exact à les suivre de près dans tous leurs labours ; parceque rien n'est plus avantageux, que de chercher toujours à amener la nouvelle terre, nonobstant les difficultés qu'on peut rencontrer.

Si, au contraire, on est assez heureux pour faire valoir un domaine, un corps de Ferme, qui, dans sa contenance, ait tout le fond qu'on puisse désirer pour renouveller la partie de dessus, en lui substituant une nouvelle terre, par les labours que l'on fera ; on peut regarder ce fond de terrein comme une Mine très-riche , en état de donner les plus belles & les plus abondantes récoltes , par l'opération feule du labour.

On doit concevoir ce que c'eſt qu'une nouvelle terre , qui a toute ſa force , qui n'a point travaillé , & qui doit contenir d'autant plus de ſels & de ſucs , qu'elle eſt dans le cas de recevoir ceux de la terre de la partie de deſſus , lorſque les pluies , les détrampant trop , les en détache.

Il n'y auroit point d'exagération en diſant qu'une pareille terre , qui provient de la partie du deſſous d'un terrein qu'on laboure , doit avoir plus d'efficacité que le meilleur engrais tel qu'il ſoit , qu'on employeroit ; puiſque , n'ayant d'autre effet , comme on le dira ci-après ,

que de nourrir, de fortifier & de
rétablir les fels & les fucs de la partie du terrein de deffus, c'eft-à-dire,
de la partie qu'occupent les plantes,
ils ne doivent pas être mis en com-
paraifon avec une nouvelle terre
qui a toutes les qualités qu'on vient
de détailler, & qui procure de nouveaux fels & de nouveaux fucs en
grande abondance.

En fubftituant une nouvelle terre
à celle qui a travaillé, c'eft un nouveau terrein qu'on donne aux plantes : peut-on rien de plus avantageux, & qui puiffe procurer autant
d'effets ?

En tout cas, fi cette nouvelle
terre exigeoit quelques engrais, il
en faudroit bien peu; car on peut
dire généralement, que quand un
renouvellement de terrein aura été
bien fait & bien travaillé, c'eft-à-

H iij

dire que quand le deſſus & le deſſous auront été bien fouillés, bien
recherchés & bien retournés par l'o-
pération & par le travail de la charrue, on pourra ſe paſſer d'engrais.

Toutes les épreuves que l'on en
fera, ne pourront que le confirmer ;
à moins qu'un terrein, par lui-même, quoiqu'ayant beaucoup de fond,
ne ſoit extrêmement léger & cen-
dreux, ou ne ſoit trop froid.

Cependant un grand avantage,
qu'on trouvera toujours, en faiſant
ainſi le renouvellement d'un terrein,
& qui confirme qu'il ne ſera pas beſoin de recourir à l'engrais, ou du
moins qu'il n'en faudra que très-peu,
c'eſt que dans les terres légères, la
partie de deſſous ayant toujours plus
d'humidité & plus de conſiſtance que
la partie de deſſus ; & dans les terres humides & peſantes, la partie de

deſſous ayant plus de ſéchereſſe &
plus de légèreté que la partie de deſſus, comme on l'expliquera ci-après,
cela fait réciproquement un con-
traſte ſi heureux, qu'on ne peut
rien exécuter de plus avantageux
pour l'Agriculture, ni rien qui puiſſe
mieux procurer le rétabliſſement &
l'amélioration d'un terrein par le
mêlange qui ſe fait néceſſairement
de toutes ces qualités oppoſées.

Que ne propoſe-t-on cette façon
de mêlanger le terrein, plutôt que
celle qui ne ſe fait qu'en allant chercher des terres au loin, & qu'on appelle *Engrais artificiels*. Cette autre
façon a cependant été annoncée
comme une découverte merveil-
leuſe; on en parlera plus particulièrement dans la Section ſuivante.

Dans un terrein qui a du fond,
on trouvera toujours ſous ſes pieds,

avec la charrue, cet engrais artificiel, c'eſt à-dire, une terre au moins auſſi convenable & auſſi analogue que celle qu'on ne pourroit aller chercher qu'avec beaucoup de dépenſes & un tems conſidérable.

C'eſt dans ces ſortes de terreins qu'on peut dire véritablement que le reméde eſt toujours à côté du mal.

L'Engrais artificiel, qui ſe fait donc en allant chercher des terres au loin, d'une qualité oppoſée à celles avec leſquelles il s'agit de les mêlanger, quoique très-bon, ne doit ſe pratiquer que dans des terreins qui n'ont pas aſſez de fond pour les plantes annuelles de l'Agriculture.

Encore dans les terreins, qui n'ont que ce qu'il faut pour les faire venir, l'engrais ordinaire, c'eſt-à-dire, celui des beſtiaux conviendra-t-il mieux : c'eſt ce que l'on expliquera plus au long dans la Section ſuivante.

Les effets merveilleux & ſurprenants, qui ne peuvent que réſulter du renouvellement de terrein, au moyen de la ſeule opération du labour, ſont ſi ſenſibles que quoiqu'on pût ſe diſpenſer de les juſtifier par des expériences ; on va cependant rapporter celles qui ont été faites par l'Auteur des *Prairies artificielles* dans le tems qu'il faiſoit valoir ſa Terre par lui-même.

Quoique ſituée en Champagne où il y a bien peu de fond de terre , & à peine ce qu'il en faut pour les productions de l'Agriculture, il a trouvé dans ſon corps de Ferme quelques piéces de terre, qui au lieu de quatre à cinq pouces de fond, en avoient juſqu'à neuf à dix, bien ſuivis & bien ſoutenus.

Ayant profité de ce fond pour y essayer le renouvellement de terrein par l'opération du Labour, & pour y semer du froment, quoiqu'auparavant on n'y eût semé que du seigle, il est arrivé que, sans avoir employé le moindre amandement, il a recueilli par arpent environ huit septiers de froment, du poids de cent quarante livres chacun, tandis qu'auparavant il n'y recueilloit qu'environ cinq septiers de seigle à la même mesure.

Il est bon de faire sentir tout l'avantage de ce changement.

Si on se souvient de ce qui a été dit dans l'Article III des Préliminaires, à l'occasion du produit de nos terres, on verra que dans le tems que ces piéces de terres, labourées suivant la routine ordinaire, ne rapportoient qu'environ cinq septiers

en feigle, cela ne faifoit qu'un feptier de refte, tous frais faits.

Or, au lieu d'un feptier de feigle
de refte, s'agiffant de trois feptiers
de froment, & le froment valant ordinairement le double du feigle, on
doit concevoir l'augmentation confidérable qui réfulte de ce renouvellement.

Ainfi on voit par cette expérience, comment (en quelque pays &
canton de la Terre que foit fitué
un corps de Ferme) on peut parvenir à en doubler, tripler le revenu & même au-delà, fans qu'on
puiffe, & fans même qu'il foit permis d'en douter.

Cette expérience fert encore à
rendre bien fenfible le tort prodigieux que font à notre Agriculture
les routines de nos Laboureurs, en
ne profitant pas d'un terrein qui a

un fond fuffifant ; & on voit combien il eft important de travailler à
les en retirer.

Si une pareille expérience a réuffi
en Champagne dans quelques terreins qui avoient du fond ; quels
effets merveilleux ne doit-on pas en
attendre dans les Pays & Cantons où
il fe trouve de bonnes terres ?

Cependant, comme les terres y
font généralement très-légères, ce
n'eft que dans celles qui ont quelque confiftance, que le renouvellement de terrein peut ainfi réuffir
fans engrais ; autrement, comme on
l'a déjà obfervé, il convient d'y
avoir recours ; mais il n'en faudra
que moitié de ce qu'on en emploie
ordinairement, & ce fera toujours
beaucoup gagner.

Ce n'eft que faute de bien foncer
le labour dans les terreins qui ont

du fond, qu'ils font ordinairement réputés médiocres & mauvais.

On doit d'autant mieux le concevoir que, quand, fuivant la routine ordinaire, un terrein eft toujours labouré dans le même fond de quatre à cinq pouces, & quand il n'eft foulagé que par les jachères, & n'eft foutenu que par quelques légers engrais qui ne font pas renouvellés à propos, tout cela ne peut fuffire pour le bien entretenir ; il ne peut même que fuccomber en peu d'années, fur tout fi l'on fait attention à la quantité de fels & de fucs qu'il doit fournir à chaque récolte qu'il donne, quand même elle ne feroit que médiocre.

Car rien n'épuife tant un terrein que les productions de l'Agriculture, parcequ'elles ne peuvent occuper qu'environ quatre pouces de la fu-

perficie, en s'étendant horifontale-
ment de tous les côtés, à la différence des plantes vivaces, dont les
racines, prenant beaucoup plus de
fond, ne fatiguent pas', à beaucoup
près, autant la fuperficie de la
terre.

Reste à faire voir comment un
Laboureur pourra s'y prendre pour
exécuter ce renouvellement fur fon
corps de Ferme, en lui fuppofant
un fond de terrein fuffifant.

Dans les labours qu'il a à faire, au
lieu de n'enlever avec fa charrue,
comme il le fait ordinairement,
qu'environ cinq pouces de terre,
qu'il tente, au premier qu'il donnera, d'en enlever feulement un pouce ou deux de plus?

Si cette première tentative lui
réuffit fans rencontrer le Tuf, ou

une terre de couleur différente de celle de son terrein , il rentrera dans le même sillon qu'il vient de faire pour tâcher d'en enlever encore quatre à cinq pouces.

Après avoir ainsi enlevé un pied de bonne terre , il en restera là , & continuera son labour de même jusqu'à ce que son champ soit fini.

Il est vrai que cette façon de labourer donne beaucoup plus de peines ; mais on est bien récompensé.

Il continueroit donc la même opération de labour dans tout ce qui se trouveroit dépendre de son corps de Ferme , ou du moins dans tout ce qui s'en trouveroit susceptible.

Après avoir ainsi fait son premier labour , il ne seroit question dans tous les autres qu'il donneroit jusqu'au tems de la semence , que de les faire

à l'ordinaire, c'eſt-à-dire, d'environ
cinq pouces ; parcequ'au moyen du
premier double labour, tout le terrein ſe trouve renverſé.

Cependant, pour rendre moins pénible cette opération, & pour qu'elle
prenne moins de tems, on pourroit
la partager en trois, en ſix, ou
neuf ans, c'eſt-à-dire que, tous les
ans, on laboureroit, comme on vient
de le dire, la troiſiéme, la ſixiéme,
ou la neuviéme partie de ſon corps
de Ferme ; &, s'il étoit partagé dans
trois ſoles ordinaires, cela revien-
droit tous les ans au tiers, à la moitié, ou au total de ce qui ſe trouveroit en jachères.

Ainſi en trois, en ſix ou neuf ans,
on peut entièrement revouveller
tout le terrein d'un corps de Ferme, & le mettre par conſéquent en
état de rapporter au double, ou

au

au triple de ce qu'il rapportoit ci-devant.

L'exécution de l'opération de ce renouvellement pourroit encore se faire autrement.

Au lieu de le faire en deux fois, en revenant dans le même sillon, pour achever d'enlever quelques pouces de bonne terre, on pourroit enlever le tout à la fois, en doublant les forces de tirage.

Le Laboureur prendra le parti qui lui semblera le plus convenable.

Cette opération se trouvant exécutée en trois, en six ou en neuf ans, comme le renouvellement de terrein, qu'elle procure, est autrement durable que l'engrais, on pourroit ne le recommencer que tous les neuf ou douze ans, pendant lequel intervalle on ne feroit le labour qu'à l'ordinaire.

Le terrein se ressentiroit suffisamment de la nouvelle terre qu'on lui
auroit procurée ; & , pendant ces neuf
ou douze ans, la partie de dessous,
qui se reposeroit, reprendroit toute
la qualité d'une bonne terre nouvelle ; de façon que, par cette alternative, on seroit toujours en état de
bien entretenir le renouvellement.

Enfin, pour réussir dans l'exécution
de ce renouvellement, & pour lui
donner un succès assuré, il ne faut
pas manquer d'en faire le premier
labour avant l'hyver , c'est-à-dire
vers le tems de la Saint Martin.

On doit en sentir la nécessité ,
puisque, s'agissant d'amener , par le
moyen de la charrue, une nouvelle
terre qui ne s'est pas si bien ressentie
des influences de l'air, du soleil, des
pluies & de tous les effets de l'Ath-
mosphère, que celle de la superficie,

les fels & les fucs qui y font contenus ont befoin d'être expofés d'abord
à la faifon de l'hyver pour être rani-
més & fortifiés, cette faifon fe trouvant la plus propre & la plus favorable pour faire fondre tout le terrein
par le moyen des dégels, des neiges,
des brouillards, &c.

Au lieu que, fi on ne commen-
çoit ce renouvellement qu'au printems, on courroit grand rifque de
n'en pas tirer tout le fuccès qu'on
en efpéreroit ; il pourroit même arriver qu'on verroit manquer fon opération, parcequ'il s'agit de bien dé-
gager des fels qui fe trouveroient
comme inanimés.

Dans l'Article fuivant, on va encore voir combien font avantageux
tous les labours qu'on fait avant
l'hyver.

I V.

En quel tems il convient de commencer les Labours.

NOS Laboureurs, nos Fermiers sont dans l'usage de ne commencer leur labour qu'au printems, tant pour les bleds que pour les Mars.

On ne sçait sur quoi peut être fondé ce mauvais usage qui ne peut faire que beaucoup de tort à l'Agriculture; l'Expérience ayant toujours fait voir que, quand on les anthyverne, c'est-à-dire que quand on commence à leur donner le premier labour vers la Saint Martin, ils ont bien plus de succès.

Cependant aucune occupation pour lors ne les en empêche, puisque tous les travaux de la campagne sont finis.

Une seule façon avant l'hyver

pulverifera plus la terre que deux qui feroient données au printems, enforte que, pour lors, le tirage de la charrue fe trouveroit bien moins pénible.

Cette façond'anthyverner, ajoute un labour de plus, tant aux bleds qu'aux Mars, & on peut dire que ce labour fera toujours le meilleur de tous ceux qu'on pourra leur donner.

Il eft d'abord conftant qu'il réuffit mieux pour lors, que dans toute autre faifon, à détruire & à faire mourir toutes les racines des herbes, en les mettant à découvert avant les gêlées, (ce qu'il eft bien important de fçavoir & d'exécuter dans tous les pays & cantons qui font plus fujets à pouffer beaucoup d'herbes). Mais, indépendamment de cet effet, c'eft que la terre, qui eft ainfi retournée avant l'hyver, fe refait &

fe rétablit beaucoup mieux que fi
elle n'étoit pas labourée, les pluyes,
les neiges, les gêlées, les brouillards
la pénétrant beaucoup plus facilement.

On fçait que l'hyver eft le temps
que la nature prend tous les ans
pour fe renouveller, & pour fe remettre du travail qu'elle a eu pendant les deux faifons du printems
& de l'été : il s'agit de reprendre
l'humidité qui lui eft fi néceffaire
pour rétablir fes fels & fes fucs, &
pour qu'ils puiffent recommencer à
agir.

Cette humidité étant le principe
effentiel de la végétation, le Laboureur doit être attentif à faifir le
temps le plus capable de la lui rendre, & il doit encore avoir l'attention de la lui conferver dans tous les
labours qu'il a à donner pendant les

deux faifons du printemps & de l'été ; ce à quoi il ne réuffira qu'en obfervant toujours de ne les faire que dans les temps convenables , ainfi qu'il fera dit ci-après : il doit furtout avoir cette double attention pour les terres légères , dont le defféchement ordinaire eft l'unique caufe de leur ftérilité.

Ainfi le labour , qu'on leur donnera avant l'hyver , leur fera d'autant plus favorable , que c'eft principalement par cette opération , qu'elles contractent davantage l'humidité dont elles ont tant de befoin.

A l'égard des terres fortes , pefantes , humides , le labour avant l'hyver ne pouvant fervir qu'à les rendre beaucoup plus faciles à être labourées au printemps , & qu'à les rendre beaucoup plus meubles , on peut dire qu'il contribuera à les deſſécher davantage & à ne leur laiſſer que l'humidité qu'il leur faut.

En prénant la précaution de ne les labourer dans la ſuite que dans les temps qui peuvent leur convenir, on ne ſera point ſurpris de voir deux effets différens provenir d'une même cauſe.

Tout ce qu'on vient de dire concerne les terres qui doivent être enſemencées en grains d'hyver.

Pour les mêmes raiſons, ſurtout pour faire un labour plus aiſé & plus ameubli au printemps, il convient de ne pas manquer d'anthyverner encore les terres qui doivent être enſemencées en Mars, & de leur donner deux labours aulieu d'un.

L'opération d'anthyverner les terres à Mars, ſe fait auſſi-tôt la recolte des fromens & des fegles, d'autant plus avantageufement, qu'elle retourne & enclos les chaumes qui pour lors peuvent fervir d'amandemens; cependant il eft encore intéreffant de ménager la pâture des Bêtes blanches & d'y avoir attention.

V.

Maximes générales fur les Labours.

DE quelque façon que s'exécutent les labours, qu'on les fonce autant que le terrein peut le permettre, qu'on les faffe exactement avant l'hyver; en un mot, que le Laboureur fe retourne tant qu'il voudra pour tâcher de parvenir de fon mieux à les ajufter & proportionner à toutes les différences de terreins qui fe rencontrent, en faifant bien ufage de fon expérience, encore n'aura-t-il pas un plein fuccès, fi, en faifant fes labours, il n'a pas l'attention de les faire en tems convenable, & s'il n'a pas encore celle de ne les recommencer que quand la terre aura repris la liaifon qu'elle avoit avant d'être labourée.

Quoique ces deux maximes foient généralement reçues & reconnues dans toutes les Pratiques locales ; quoique leur exécution foit d'une auffi grande conféquence, cela n'empêche pas que la plûpart de nos Laboureurs, emportés par leurs routines, ne penfent pas feulement à obferver la première, qui mérite le plus d'attention ; ils vont prefque toujours fuivant le tems, & le prennent comme il vient ; cependant cette première maxime eft d'autant plus importante, que, dans tous les labours que l'on fait, fi variés qu'ils puiſſent être, il s'agit de conſerver à ſon terrein l'humidité que le repos de l'hyver lui a rendue, & qu'il s'agit encore de ne lui en laiſſer que ce qu'il en faut, ſuppoſé qu'il ſe trouve qu'elle y domine trop.

On ne conteſtera point que l'humidité ne ſoit le principe eſſentiel de la végétation; ce n'eſt que par elle que les ſels & les ſucs de la terre ſont mis en état d'agir: s'il n'y en a pas aſſez, ils ne font que languir, & s'il y en a trop, ils ſont comme éteints, ſans force & ſans vigueur.

Il eſt donc de la plus grande conſéquence pour le Laboureur, de la ménager & de la régler, ſuivant que ſon terrein eſt plus ou moins ſec, plus ou moins humide.

Cela ne pouvant s'exécuter que par les labours, il s'enſuit qu'il ne convient de labourer les terres ſéches & légères que dans les tems un peu humides, comme après une petite pluie, & qu'il ne convient de labourer les terres humides, fortes & pesantes que dans un tems un peu sec.

Quand un Fermier, dans son corps de Ferme, a plusieurs piéces de terre de différentes qualités, il peut plus facilement s'arranger, suivant le tems où il se trouve.

Ces deux sortes de terres séches ou humides, quoiqu'aussi opposées, ne doivent point encore être travaillées dans des tems trop pluvieux ou trop secs.

Quand un terrein sec ou humide est labouré dans un tems où il est trop imbibé & comme en mortier, la moindre sécheresse qui surviendra, le durcira de façon que quand même il y auroit encore des labours

à faire, ils ne pourroient que s'en
ressentir; ce seroit une récolte manquée.

Si, au contraire, ces deux terreins,
quoiqu'opposés, sont travaillés dans
un tems si sec que la terre forme des
fentes, indépendamment des labours
suivans, il y resteroit toujours des
parties qui ne pourroient s'ameublir, sur tout dans celui qui seroit
humide & pesant, ce qui retireroit
tellement à l'un & à l'autre l'humidité qui leur est nécessaire, que ce
seroit encore une récolte manquée.

C'est un proverbe dans les Campagnes, que *le labour, fait à propos,
vaut un amandement.*

Quand l'Auteur des *Prairies artificielles* pourroit parvenir à ne faire labourer ses terres les plus séches, les plus
légères, même les plus mauvaises,
qu'après une petite pluie, & que dans

un tems un peu humide, il en réfultoit toujours de merveilleux effets.

Ces effets ne pouvant être les mêmes par-tout où il eft quéftion d'Agriculture, on doit par conféquent s'attendre à de pareils fuccès dans les terreins humides & pefans, quand les labours n'y feront donnés que comme on vient de le dire.

Tout cela fait voir que le labour, quand il eft bien conduit, eft un grand principe de fertilité dans les terres mêmes les plus féches & les plus légères, & prouve combien fon opération mérite d'attention.

Quoique le Laboureur ne foit pas le maître des faifons, & qu'il ne puiffe pas deviner les tems, il peut cependant un peu compter fur une variation qui leur eft affez ordinaire.

Ainfi, pour qu'il fe mette en état de pouvoir parvenir à ne travailler la terre que dans un tems convenable, autant que cela peut dépendre de lui, il doit extrêmement diligenter les premiers labours du printems ; c'est-à-dire ceux que l'on fait pour les Mars, quoiqu'il doive aussi avoir l'attention de ne les faire qu'à propos ; & il convient de les finir le plutôt qu'il pourra, en les commençant dès que la saison le permettra.

Les Mars achevés de bonne heure pourront lui donner lieu de commencer plutôt les labours des terres à bleds ; & , au moyen de l'avance qu'il se sera procurée, il pourra se mettre en état de choisir les tems les plus convenables pour les labours suivans, soit en les reculant, soit en les avançant, sans que cela empêche d'exécuter tous ceux qu'il conviendra de faire.

Au lieu que s'il eſt en retard dans ſes Mars, faute d'avoir bien pris ſon tems, tous les labours ſuivans ne pourront que s'en reſſentir, & il lui arrivera ce qui arrive à la plûpart des Laboureurs qui, ſe trouvant en retard pour cependant ne point perdre une ſaiſon dans laquelle ils ſont dans l'uſage de donner ou de continuer leurs labours, ſont déterminés par leurs routines à prendre le tems comme il eſt.

Pour les raiſons qu'on vient de détailler, il conviendroit bien mieux d'omettre un labour, que de le faire dans un tems qui ne ſeroit pas convenable.

C'eſt pourquoi l'activité, la diligence ſont des qualités néceſſaires & indiſpenſables dans un Laboureur: on ne peut trop les lui recommander.

LA

LA SECONDE maxime confiste à ne recommencer les labours que quand les terres ont repris la liaison qu'elles avoient avant d'être labourées, & de laisser un intervalle suffisant qui puisse opérer cet effet.

Cette attention est si nécessaire, que, si on agissoit autrement, on les dessécheroit & on en évaporeroit les sels & les sucs ; puisque ce n'est que par la liaison que reprennent les terres, après être nouvellement labourées en tems convenables, qu'elles font maintenues dans la proportion d'humidité dont elles ont besoin pour mieux effectuer la végétation des plantes & des semences qu'on leur destine.

Cet intervalle qu'il faut mettre entre les labours, demande plus ou moins de tems, suivant les

K

terreins ; ce qui roule fur environ trois à quatre femaines, &
même quelquefois plus, en obfervant
que cette reprife de liaifon fe fait
mieux & plutôt, quand il furvient
une pluie.

On peut dire que nos Laboureurs
font bien dans le cas d'obferver cet
intervalle par rapport à la multipli-
cité d'ouvrages dont ils font acca-
blés, & qui fe fuccédent les uns aux
autres.

Ils n'ont pas plutôt achevé leurs
Mars, que, fans retard & fans interruption, fi le tems eft convenable,
ils ne doivent point différer de commencer les terres à bleds.

Dans un corps de Ferme compofé
de deux ou trois charrues, quand
même il n'y en auroit qu'une, il ne
faut pas moins qu'environ trois femaines ou un mois pour finir les la-

bours de la sole des bleds, & pour les recommencer.

Voilà donc déja un intervalle suf_fisant pour la reprise de la liaison des terres, puisqu'il a été entièrement occupé & employé à travailler cette sole.

Mais elle n'est pas plutôt finie, qu'avant de recommencer le labour, il est question de charier les fumiers d'hyver, qui ne l'ont pu être plutôt, tant à cause de la difficulté des charrois, que par rapport à la nécessité de ne point retarder les Mars & les labours suivans.

Après le second labour de la sole des bleds, il s'agit pour lors de la moisson des foins, & de conduire encore des fumiers.

Tout cela n'est pas plutôt fait, qu'indépendamment du troisiéme labour, les moissons de toute espéce furviennent, comme de lentilles, de fegle, de froment, d'orge, d'avoine, de pois, de farrafins, &c. qu'on ne peut renfermer fans employer bien du tems.

Jufqu'à celui de la femence, il y a encore des engrais à conduire.

Si, pendant tous ces ouvrages pénibles, le Laboureur n'a pas l'attention de réferver une charrue, foit pour ne point difcontinuer fes labours, foit pour les faire & les reprendre à propos, il ne pourra que tomber dans l'écueil dont on a parlé ci-deffus, qui lui cauferoit un très-grand préjudice.

Quand même un Laboureur n'auroit pas d'engrais à voiturer, ou qu'il n'en auroit que très-peu, par le défaut de prairies, n'a-t-il pas fes labours à reprendre auffitôt que le tems eft favorable ? Il faut qu'il le guette & le faififfe fitôt qu'il fe préfente.

On doit donc fentir combien le tems du Laboureur eft précieux.

Après tout ce détail, qu'on ne peut contefter, pourra-t-on difcon venir que, quand on détourne le Laboureur de fes ouvrages, fur-tout de fes labours, ce ne foit faire le plus grand tort à l'Agriculture & par conféquent à l'Etat ?

Le travail du Laboureur eft un travail fi continuel, qu'il a befoin de tout fon tems, & qu'il ne peut être interrompu qu'il ne s'enfuive fa perte & la ruine de toute fa famille.

C'eft affurément bien méconnoître l'Agriculture, que de fe perfuader qu'on peut prendre le tems du La-boureur, & qu'on peut en difpofer.

Si on agiffoit avec une Com-munauté d'Ouvriers quelle qu'elle puiſſe être, comme on agit avec le corps des Agriculteurs, on verroit qu'elle diminueroit tous les ans & qu'inſenſiblement elle viendroit à rien.

VI.

Des charrues & autres inſtrumens uſités dans toutes les Pratiques locales.

ON peut dire que dans toutes les Pratiques locales on ne ſe ſert que de deux ſortes de charrues pour réduire la terre, pour l'ameublir & pour la mettre en état de faire fructifier les ſemences qu'on y jette; du moins ce ſont celles qui ſont le plus généralement uſitées.

Ces deux ſortes de charrues ſont à oreille ou à verſoir.

Celle qui eſt le plus en uſage, eſt la charrue à oreille, qui doit être plus ou moins forte, fuivant la qualité du terrein.

Elle eft ainfi appellée, parceque du côté du foc il y a une planche contournée de façon qu'elle renverfe toujours la terre du côté qu'elle eft placée ; &, comme on peut placer cette planche du côté que l'on veut, le Laboureur eft le maître de renverfer la terre, foit à droit, foit à gauche.

Ainfi lorfqu'il commence à labourer une piéce de terre, ayant d'abord mis l'oreille de fa charrue du côté de fa main droite pour faire le premier fillon, il renverfe la terre du côté droit ; &, quand il eft queftion de faire le fecond fillon, il attache l'oreille du côté de fa main gauche.

De cette façon il renverfe la terre dans le fillon qu'il vient de former, toujours changeant de droit & de

gauche l'oreille de ſa charrue, à chaque nouveau ſillon qu'il fait, pour
continuer de renverſer la terre du
même côté, juſqu'à ce que ſa piéce
de terre ſoit entièrement labourée.

Avec cette ſorte de charrue à
oreille, on eſt en état de labourer
tout terrein.

La charrue à verſoir, au lieu d'o-
reille, a une piéce de bois fortement attachée au côté droit de la
charrue, & qui ne varie point; c'eſt
cette piéce de bois qu'on appelle
Verſoir.

Comme elle renverſe la terre toujours du même côté, pour labourer
entièrement une piéce de terre, il
faut la tourner juſqu'à ce qu'elle ſoit
finie.

A cette différence près, les uſages
de ces deux ſortes de charrues ſont
les mêmes, & on s'en ſert indiffé-

renmment dans les terres fortes ou
légères; cependant celle qui eſt à
oreille, eſt plus ordinairement pré-
férée quand on ſe ſert de chevaux,
en ce qu'à chaque ſillon qu'elle fait,
comme on eſt obligé de s'arrêter
pour changer le côté de l'oreille,
cela leur donne un petit repos.

Leur uſage conſiſte à piquer convenablement le terrein qu'on travaille, à quoi on parvient en avançant ou reculant l'age de la ſellette;
il conſiſte encore à renverſer & à
retourner un terrein pour mêlanger
la terre de deſſous avec celle de
deſſus, en faiſant deſcendre celle-ci.

Ces deux ſortes de charrues ſont
compoſées de deux petites roues,
qu'on appelle *Roulettes*, & d'un
eſſieu ſur lequel eſt dreſſé la ſellette
à laquelle eſt attaché le timon, le
ſoc, l'oreille ou le verſoir, & le

coûtre , qui fert à faciliter le tirage.

Il y a cependant encore une troifiéme forte de charrue qui n'a point
de Roulettes , dont on ne fe fert que
dans les Provinces Méridionales.

On peut en ajouter une quatriéme , qui eft à deux oreilles , qu'on
n'employe que dans les terres gazon-
neufes ou trop humides , pour les
mieux dégazonner , en les ouvrant
davantage , ou pour leur donner le
moyen de fe mieux deffécher ; dans
les labours qu'on anthiverne , on les
emploie très utilement.

La herfe eft un inftrument deftiné à brifer & à unir les terres ; elle
eft de bois , garnie de longues dents ,
foit de bois ou de fer , & elle eft de
forme quarrée ou triangulaire.

Son principal ufage eft de la faire
paffer fur un terrein chaque fois qu'il

vient d'être labouré, pour achever de brifer, de caffer & de fondre les mottes ou gazons, que le labour auroit échappé, ou qu'il n'auroit fait que commencer.

On s'en fert encore pour bien applanir un terrein avant de le femer, à l'effet de répandre plus également la femence qui, faute de cette précaution, tomberoit prefque entièrement dans les fillons, & pour couvrir toutes les femences qu'on employe en Mars ; à la différence des grains d'hyver, qui ne fe couvrent ordinairement qu'avec la charrue.

Il convient d'obferver qu'il faut plus d'un tour de herfe pour bien couvrir la femence, devant être abfolument de deux tours, lorfqu'on ne fe fert que d'une herfe, à moins qu'il n'y en ait deux qui fe fuivent.

Quand une herfe n'enfonce pas fuffifamment pour bien couvrir la femence, on l'appefantit en mettant de groffes pierres deffus.

Il ne faut point oublier la Rouleau qui eft affez en ufage dans toutes nos Pratiques locales.

C'eft une groffe piéce de bois, longue, ronde & très-pefante, qu'un cheval tire au moyen de deux cordages qui, étant attachés aux extrêmités de la Rouleau, fe réuniffent à une traverfe de bois.

Son principal ufage confifte à douçoyer & à applanir le terrein des avoines pour en rendre le fauchage plus facile.

On s'en fert auffi pour rouler les fromens dans les terres légères, à l'effet de les affermir, & d'empêcher les hâles du printems d'en déchauffer les racines.

La rouleau sert encore à casser & à fondre les mottes de terre.

Il faut observer qu'il n'en faut faire usage que dans un tems sec.

Au moyen de ces sortes de charrues, de herse & de la rouleau, il n'y a point de terrein labourable, quel qu'il soit, qu'on ne puisse réduire, ameublir & bien fouiller.

Voilà donc pourquoi il faut laisser à nos Laboureurs leur soc, comme l'établit, d'après Caton, Olivier de Serre dont on a parlé ci-dessus.

Qu'importe comme soit le couteau, (dit encore Liébaut dans sa *Maison Rustique, pag.* 510 *, livre* 5 *,*) *pourvu qu'il coupe le pain*; ne traitant de la charrue, que pour dire qu'il faut la laisser telle qu'elle est, sans même entrer dans aucun détail sur sa construction; parcequ'il est clair que tous les changemens qu'on pourra propofer, feront toujours au moins inutiles.

Tous ceux qui connoiffent l'Agriculture, & qui la pratiquent, penferont toujours comme ces deux grands Auteurs ; & il feroit d'autant plus difficile de faire changer aux gens de la Campagne leurs inftrumens, qu'ils ne verroient point qu'avec ceux qu'on pourroit leur propofer, ils duffent faire mieux qu'avec leurs focs.

Tout ce qu'il y a à leur recommander, fur-tout pour les terreins forts & difficiles à brifer, c'eft de fe munir d'un fer à charrue bien folide, plus pointu & moins large par le haut qu'il ne l'eft ordinairement, avec encore la précaution d'en changer plus fouvent, ou plutôt de le faire rebattre, lorfqu'il en fera befoin.

A l'égard du tirage de la charrue, on se sert de chevaux ou de Bœufs, suivant l'usage des lieux.

Dans les premiers siécles du monde, les labours ne se faisoient qu'avec des bœufs, on n'y employoit point les chevaux.

Le bœuf convient mieux dans les terreins difficiles, & dans les terreins inégaux, ayant beaucoup plus de force que le cheval, qui s'y fatigueroit trop ; & on peut dire que le bœuf a sur le cheval quelqu'avantage.

Un bœuf coute moins à nourrir qu'un cheval , puisqu'on ne lui donne point de grain , mais du foin & de la paille. Il est moins sujet aux maladies ; & , quand il a bien travaillé, s'il se trouve hors d'état de continuer , on l'engraisse pour le vendre beaucoup plus qu'il n'a coûté.

Le cheval exige plus de dépense &

d'entretien, & lorfqu'après avoir bien travaillé il fe trouve hors de fervice, il ne peut rapporter à fon maître aucun intérêt, parcequ'il ne peut être vendu comme le bœuf, cependant, il eft beaucoup plus eftimé & beaucoup plus en ufage, parcequ'il fe manie mieux à la charrue, qu'il fait beaucoup plus d'ouvrage, & qu'il eft bien plus propre à tous les charois.

Il y a encore une raifon qui le rend préférable au Bœuf, c'eft que pour une charrue, il ne faut qu'un attelage de chevaux, au lieu qu'il en faut deux de bœufs, dont l'un foit pour le travail de la matinée, & l'autre pour celui de l'après-midi, toujours ainfi alternativement, afin que l'un des deux fe repofe; autrement le même attelage de bœufs, qui ne difcontinueroit pas fon travail, iroit extrêmement

extrêmement lentement ; ce qui oblige d'en avoir deux pour bien faire
aller une charrue.

Or, en ce cas, une charrue de
bœufs coûte plus qu'une charrue de
chevaux, parcequ'indépendamment
de l'inconvénient de fe manier bien
moins que les chevaux, les bœufs
exigent deux conducteurs à la charrue.

VII.

Le Laboureur doit être bien monté.

SI on fait attention à tout le détail qu'on vient de donner fur les
labours, foit pour les varier fuivant
les différentes qualités générales &
communes des terreins, foit pour
les foncer, felon qu'ils ont plus ou
moins de fond, foit encore pour ne
les faire que dans des tems conve-

nables, &c. on doit sentir qu'il faut qu'un Laboureur soit bien monté pour se trouver en état d'exécuter, comme il convient, toutes les charrues qu'il peut avoir à faire valoir dans son corps de Ferme.

En supposant qu'il ne seroit composé que de deux charrues, y auroit-il de l'inconvénient, que le Laboureur soit monté comme s'il en avoit environ trois ?

Ses terres, qui ne pourroient qu'en être mieux tenues, ne le dédommageroient-elles pas bien amplement de cette petite augmentation ?

Mais il s'en faut bien que tous nos Fermiers & Laboureurs ayent seulement autant de charrues qu'ils devroient en avoir.

Pour peu qu'on veuille jetter un coup d'œil sur nos Campagnes, on n'en verra qu'un très-petit nombre dans le cas d'être montés comme il convient de l'être.

Tandis qu'une charrue ne devroit être que d'environ vingt-cinq arpens au plus par fole, on lui en fait comprendre jufqu'à trente - cinq à quarante; c'eft-à-dire que, fi un corps de Ferme eft de trois cens arpens, on ne le fera valoir que comme n'ayant que trois charrues, tandis qu'il devroit en comprendre quatre & même cinq, fi le terrein eft difficile.

Auffi en réfulte-t-il que généralement toutes nos terres font très-mal labourées.

Quoique le défaut d'être bien monté ne puiffe que caufer un très-grand préjudice au Fermier; quoiqu'il le fente, il n'y remédie cependant pas, foit qu'il ne fe trouve pas en état de pouvoir le faire, foit pour d'autres raifons, &c.

Mais, comme ce défaut cause encore plus de préjudice au Propriétaire, parcequ'il intéresse son fond qui ne peut donner de bonnes récoltes, & qui ne peut être reloué avantageusement, qu'autant qu'il est bien tenu, bien labouré, bien fouillé, &c. il suit que c'est à lui à avoir l'attention que son Fermier soit en état de bien cultiver ses terres; & que, s'il ne le peut, il doit, ou le changer, ou lui faire des avances qui le mettent en état de se monter comme il le faut, & il doit le soutenir, puisqu'il en seroit mieux payé.

C'est ce que l'on verra plus amplement dans le *Manuel d'Agriculture pour le Propriétaire*; cette obligation étant du nombre de celles qui se trouvent à sa charge.

SECONDE SECTION.

De l'opération de l'Engrais.

ON peut dire que l'opération de l'Engrais est la plus importante qu'on puisse admettre pour tous les Terreins, Pays & Cantons, où il ne se trouve pas assez de fond pour pouvoir être renouvellés par une nouvelle terre, & qu'elle est le plus grand principe de fertilité dont on puisse faire usage : on va le concevoir.

Lorsqu'un terrein est toujours labouré dans un même fond, de quatre à cinq pouces, sans pouvoir être renouvellé, il arrive infailliblement qu'il s'épuise par les récoltes continuelles qu'on en tire, quand même on y observeroit les jachères, c'est-à-dire qu'on le laisseroit reposer alternativement tous les trois ans, conformément à la diftribution générale des terres en trois foles. On en a l'expérience dans tous les pays du monde où l'on cultive ; il faut donc recourir à l'engrais qui feul peut le foutenir, le rétablir & l'améliorer.

Au lieu que s'il s'y trouvoit un fond fuffifant pour pouvoir être renouvellé par le travail du labour, pour lors l'engrais n'eft plus fi intéreffant ; c'eft le labour qui devient fon plus grand principe de fertilité.

Le labour & l'engrais font donc les deux plus grandes reffources dont on puiffe fe fervir par-tout où l'on cultive, pour réparer les terres, pour les bonifier & les mettre en pleine valeur ; avec cette différence cependant, que le befoin de l'engrais eft beaucoup plus général que celui du renouvellement de terrein.

Comme il s'agit d'ajufter & de

proportionner l'engrais à toutes les qualités des terreins que le Laboureur ne peut que rencontrer dans ce qu'il a à faire valoir, conformément au principe général que lui apprend sa Pratique locale ; & s'agiffant encore de l'entretenir & de le renouveller, pour qu'il ait toujours également son effet, nous allons traiter en neuf Articles de tout ce qui a rapport à cet objet.

1°. Nous parlerons des différentes façons de varier & de diverfifier l'engrais.

2°. De la néceffité de l'entretenir & de le renouveller.

3°. Comment on doit exécuter ce renouvellement.

4°. Comment on peut parvenir à amander, tous les ans, la fixiéme ou la neuviéme partie de son corps de Ferme, de quelque contenance qu'il puiſſe être , & même la quatrième partie , en le ſuppoſant ſans jachères.

5°. Nous détaillerons les grands avantages de ce renouvellement.

6°. Nous ferons connoître une autre pratique de renouvellement d'engrais ; dans le cas qu'un corps de Ferme ne ſeroit ni diviſé, ni diſperſé.

7°. Nous démontrerons que de tous les engrais qu'on peut employer, ceux de beſtiaux ſont préférables.

8°. Nous lui apprendrons ce qu'il faut pratiquer pour les faire conſommer en très-peu de tems.

9°. Nous finirons par répondre à quelques objections qui ont été faites contre les établiſſemens de Prairies artificielles.

I.

Des différentes façons d'exécuter les opérations de l'Engrais.

LEs différentes façons de varier & de diverfifier l'engrais, ne peuvent concerner que fa qualité & fa quantité.

Parmi les engrais de Beftiaux, il y en a qui conviennent mieux à certains terreins. Les crottins de pigeons, de brebis & de moutons font plus analogues aux terreins froids & humides, que ne peuvent l'être ceux de vaches, de bœufs, de cheval ou de l'un ou de l'autre mêlés enfemble qui font employés plus fructueufement fur des terreins fecs & arides.

Comme il n'y a que le Laboureur, qui puiffe bien connoître fon terrein, & fçavoir, par fon expérience, la qualité d'engrais qui lui convient, on ne peut la lui indiquer ; il suffit de lui dire qu'il faut qu'il donne à son terrein la sorte d'engrais qui lui convient.

Entre ceux dont il peut faire usage, & qui sont à sa portée, il n'y a que lui qui doit décider & choisir.

Il en est de même de la quantité d'engrais qu'il convient d'employer par arpent, c'est encore à lui à la fixer & à connoître le besoin de son terrein.

Il doit sçavoir que le plus ou le moins ne pourroit que lui être préjudiciable.

Il n'y a donc point sur tout cela d'avis particuliers à donner au Laboureur.

II.

De l'entretien & du renouvellement de l'Engrais.

IL ne suffit pas de sçavoir bien régler la qualité & la quantité de l'engrais, il faut encore que le Laboureur l'entretienne & le renouvelle lorsqu'il commence à finir & qu'il est au terme de sa durée, pour qu'il ait toujours son effet ; bien plus il faut qu'il l'entretienne & le renouvelle sur la totalité de ce qu'il fait valoir, & sur toutes les terres de son corps de Ferme, si considérable qu'il puisse être, du moins il faut qu'il l'entretienne sur celles qui n'ont pas assez de fond pour pouvoir être renouvellées par le travail de la charrue.

Avec une pareille pratique, bien soutenue & bien suivie, il sera assuré , tel Pays, telle Province , tel Royaume qu'il puiffe habiter, de toujours maintenir fes terres en pleine & parfaite valeur.

Quand , fans embraffer la totalité d'un corps de Ferme , on ne fait des engrais tantôt que fur une partie , tantôt fur une autre , fans les entretenir ni renouveller, comme c'eft l'ordinaire parmi les Laboureurs qui n'ont point de prairies, ou qui n'en ont pas affez, un corps de Ferme refte toujours comme il eft ; loin de devenir meilleur, on peut dire qu'il languit toujours.

III.

Comment exécuter le renouvellement de l'Engrais sur la totalité d'un corps de Ferme de trois cens arpens.

DANS tout ce qu'on cultive à la charrue, & non à la bêche, l'ufage eft que les engrais de beftiaux, quand on obferve les jachères, fe font pour trois, pour fix, pour neuf, & même pour douze ans, fuivant la qualité des terreins.

Les engrais pour trois, ou pour fix ans , fe pratiquent ordinairement fur les meilleures terres; & les engrais pour neuf ou pour douze ans , n'ont lieu que fur les terres médiocres & mauvaifes.

On doit concevoir que fur ces dernières il y faut trois ou quatre fois plus d'engrais que fur les autres.

Auffi fe maintiennent-ils tous de

façon que ce n'eſt qu'à l'expiration de leurs différents termes, que les terres ne s'en reſſentent plus.

Si donc on veut parvenir à amander la totalité d'un corps de Ferme, d'un Domaine qu'on ſuppoſe être de trois cens arpens, & toujours y entretenir & renouveller les engrais, tout le ſecret conſiſte à le partager en autant de parts & portions que la durée des engrais qu'on y employe, a d'années, pour en amander une, tous les ans ſans diſcontinuation.

En ſuppoſant que l'engrais qu'on y fait ſera pour neuf ans, la neuviéme partie conſiſtant en trente-trois arpens environ, ce ſera donc cette quantité qu'il s'agira d'amander tous les ans; &, comme ſur ce corps de Ferme il y eſt queſtion de jachères, ces trente-trois arpens en feront

exactement le tiers; puisque les jachères dont on traitera dans la Section suivante, composent ordinairement la troisiéme partie ou environ
de ce que l'on fait valoir.

On se régleroit ainsi sur tout corps
de Ferme à jachères, à raison de sa
contenance & à raison de la durée
des amandemens qu'on y feroit.

L'usage, dans les Campagnes,
étant, pour bien amander un arpent
de médiocres ou de mauvaises terres, d'y employer depuis quinze jusqu'à vingt voitures de fumiers de
bestiaux; tandis que pour les bonnes, il n'en est question que depuis
six jusqu'à dix, il s'ensuivroit que
pour les trente-trois arpens ou environ, qu'il s'agit d'amander tous les
ans dans ce corps de Ferme de trois
cens arpens où les amandemens s'y
font pour neuf ans, parceque les ter-

res y sont suppofées généralement médiocres, il n'y faudroit pas moins qu'environ cinq cens voitures.

Il s'enfuivroit encore que l'Auteur des *Prairies artificielles*, qui a fi bien fçu exécuter fur le corps de Ferme de fa Terre fituée en Champagne les renouvellemens d'engrais, & qui, pour y parvenir, avoit à mettre tous les ans en valeur environ 25 arpens qui en faifoient la neuviéme partie, parceque les engrais s'y faifoient auffi pour neuf ans, auroit donc dû employer tous les ans environ trois cens cinquante voitures de fumiers.

Cela paroîtroit comme impoffible, fur-tout dans les pays où il n'y a ni prairies ni beftiaux, fi on ne fçavoit qu'on peut en établir, & fi on ne fçavoit qu'il y a des déductions à faire, qui facilitent extrêmement l'opération l'opération de ce renouvellement ; aussi méritent-elles qu'on y fasse attention.

1°. Dans une aussi grande quantité d'arpens, comme trente-trois ou vingt-cinq, qu'il conviendroit d'amander tous les ans, il ne se peut qu'il ne s'y rencontre des terres qui soient meilleures les unes que les autres, & qui par conséquent, au lieu de quinze voitures par arpent, n'en exigeroient que huit, dix ou douze tout au plus ; puisqu'il ne faut pas oublier qu'il est de principe de proportionner toujours la quantité de l'engrais à la qualité du terrein.

2°. Ce qui est le plus à observer, & ce qui peut occasionner la plus grande diminution des engrais, c'est que si on y trouve des terres qui ayent du fond, & qui soient susceptibles d'être renouvellées par le travail de la charrue, ou il n'y faudra pas de fumier, ou il n'en faudra que très-peu.

Ces déductions ne pouvant manquer de se rencontrer, la quantité prodigieuse de fumiers, annoncée ci-dessus, ne pourra jamais être aussi considérable, & peut se réduire aux deux tiers, à la moitié & même moins, suivant la qualité des terres & suivant le fond qu'on peut y trouver.

Ce n'est que par le moyen de ces déductions que l'Auteur des *Prairies artificielles* a faites dans sa Terre, quoique située en Champagne, où à peine il y a le fond nécessaire pour faire venir les productions qu'on y séme, a trouvé le secret, après avoir fait son établissement de prairies, de n'employer tout au plus, par an, qu'environ deux cens voitures de fumiers, au lieu de trois cens cinquante que fembloient exiger les vingt-cinq arpens qu'il étoit obligé de mettre en valeur tous les ans ; c'eft donc prefque environ moitié de fumiers de diminution ?

Si, dans un pays, comme la Champagne, cet Auteur a ainfi fçu trouver les moyens de diminuer la grande quantité d'engrais qu'il lui auroit fallu employer tous les ans ; à plus forte raifon les trouvera-t-on dans d'autres pays plus favorables & plus heureux, où les terres font meilleures & où elles ont un fond plus que fuffifant.

Après l'exemple de cet Auteur, il n'y a donc point à s'effrayer ni à fe rebuter, quand on propofe d'amander tous les ans une auffi grande quantité d'arpens, pour parvenir à entretenir toujours & exécuter les renouvellemens d'engrais ; puifque,

quand même il n'y auroit ni prairies
ni beſtiaux, on peut en établir : c'eſt
ce qui va faire le ſujet de l'Article
ſuivant.

IV.

*Comment ſe procurer tous les ans la
grande quantité d'engrais néceſſaire
pour exécuter leur renouvellement ſur
un corps de Ferme de trois cens arpens, quoique la Nature n'y ait point
établi de prairies.*

ON doit concevoir qu'on ne
peut parvenir à ſe procurer tous les
ans la quantité d'engrais néceſſaire
à l'exécution du renouvellement,
que par le moyen des engrais de
beſtiaux.

Il faut beaucoup de beſtiaux, &
par conſéquent beaucoup de prairies, ou plutôt il faut une certaine
quantité de beſtiaux proportionnée

aux engrais dont on a befoin ; & il faut une certaine quantité de prairies artificielles, proportionnée à la quantité de beftiaux qu'il s'agit de nourrir.

Ce n'eft pas tout ; il faut encore une quantité de pailles de froment ou de fegle, d'orge & d'avoine proportionnée à la quantité de beftiaux qu'il s'agit d'avoir ; parceque les fumiers ne peuvent fe bien faire fans elles pour la néceffité de leur liaifon, & parceque les pailles, fur-tout de froment ou de fegle, font la principale nourriture des beftiaux ; c'eft, pour ainfi dire, leur pain.

Indépendamment de l'augmentation qu'elles donnent à la quantité des fumiers, elles font encore néceffaires & indifpenfables aux beftiaux pour leur litière qu'il faut faire tous les jours ; autrement ils feroient dans une malpropreté, qui ne pourroit que leur être très-nuisible.

C'est très mal l'entendre, que de se contenter, pour leur litière, de ce qui reste de leurs rations d'herbages, soit en verd, soit en sec.

Quoique les pailles soient d'une aussi grande nécessité, & qu'on ne puisse pas augmenter les bestiaux sans travailler en même-tems à faire l'augmentation des pailles; cependant dans tous les Ecrits & Mémoires qu'on donne présentement sur l'Agriculture, il semble que les prairies & les bestiaux peuvent s'établir sans leur usage, puisqu'il n'en est fait aucune mention.

Pour peu qu'on ait d'expérience, on n'oublie pas une chose aussi essentielle, & on n'ignore pas tous les avantages que leur abondance procure dans les Campagnes.

Sans les pailles on ne peut faire aucun bon nourri en sec; mais il faut établir une alternative avec ce qu'on peut donner d'ailleurs & la bien régler.

M. Patullo qui, dans son *Essai sur l'amélioration des terres*, propose de mettre en herbages la moitié & même les deux tiers d'un corps de Ferme de trois cens arpens pour nourrir une quantité prodigieuse de bestiaux qui doit monter jusqu'à six cens vaches ou bœufs; puisque, suivant lui, un arpent de sain-foin ou de Luzerne peut en nourrir trois, a-t-il prévu qu'il ne pouvoit résulter de ce qu'il laisse en culture une assez grande quantité de pailles pour seulement faire leur litière ? En résulteroit-il même assez de grains pour nourrir & entretenir le ménage ?

On peut dire que M. Patullo a

mal fupputé , ou plutôt qu'il ne s'en eft pas donné la peine.

On feroit curieux de fçavoir en quel Canton , en quel Pays, en quel Royaume un pareil plan de culture a pu s'établir & s'exécuter; ou du moins il auroit fallu le rendre plus vraifemblable , en fuppofant un Domaine bien moins confidérable. (a)

(a) On convient qu'un Propriétaire ou Fermier, dont le principal objet feroit de nourrir des beftiaux ou des chevaux, parcequ'il y trouveroit plus fon profit qu'à vendre du grain, pourroit ainfi mettre les deux tiers de ce qu'il feroit valoir en herbages ; en ce cas, réfulteroit-il qu'on en pourroit faire un plan général de culture ? Puifque ce ne feroit plus le grain qui en feroit le principal objet. Il ne faut donc pas que M. Patullo propofe ce plan comme clui qui eft le plus fuivi en Angleterre.

Quoiqu'on s'explique ainfi , on n'en a pas moins d'eftime pour cet Auteur, puifqu'en le propofant , fon intention n'a pu qu'être bonne ; fon plan inftruira du moins ceux qui, par rapport à leur fituation , ou pour d'au-

Pour avoir donc une certaine quantité de beſtiaux, capable de mettre en état d'exécuter le renouvellement d'engrais dont il eſt ici queſtion, deux choſes ſont néceſſaires & indiſpenſables , ſçavoir des prairies & des pailles.

Il eſt bien plus aiſé de ſe procurer des prairies ; on les fait quand on veut, & dans la quantité qu'on juge néceſſaire ; encore faut-il les partager ſuivant leur durée , & ne les ſemer que d'années en années.

Il n'en eſt pas de même des pailles ; l'augmentation ne peut s'en faire qu'au fur & à meſure que les

tres raiſons de convenance , trouveroient plus de profit à vendre des beſtiaux & des chevaux qu'ils n'en pourroient avoir en vendant du grain. Quand il s'agit du bien public , un bon Citoyen ne déſapprouve point qu'on trouve à le critiquer.

terres deviennent meilleures par les amandemens.

Il faut donc n'établir les prairies & les bestiaux qu'à raison de cette augmentation, pour n'être pas dans le cas d'acheter des pailles.

Ce seroit une dépense considérable, que cet achat, pendant plusieurs années ; ce seroit même une dépense qui ne pourroit généralement que rebuter & décourager.

Cependant il pourroit se trouver quelques riches Propriétaires qui, faisant valoir par eux-mêmes, n'hésiteroient pas de la faire pour jouir plutôt, en faisant encore l'établissement de prairies, en bien moins de tems qu'on le dira ci-après.

S'ils s'y déterminoient, il en résulteroit cet inconvénient, que, quand on seroit dans le cas d'en retourner la moitié pour l'établir ailleurs, sup-

poſé qu'il eût été fait en deux ans,
on ſeroit tout d'un coup privé de la
moitié de ſa prairie, au lieu qu'en
ne la faiſant que comme on va le
dire, on ne s'appercevroit preſque
pas de la privation de la partie qu'on
ſeroit obligé de retourner.

Mais ce n'eſt point à des Propriétaires qu'on parle, il ne s'agit ici que
des Fermiers qui compoſent ſeuls
en France le corps des Agriculteurs.

Quand même on leur feroit des
baux de vingt-ſept ans, encore en
trouveroit-on très-peu qui ſeroient
diſpoſés à faire la dépenſe de l'achapt
des pailles pour aller plus vîte, ils
préféreroient toujours de n'agir que
ſuivant leur augmentation; certainement ils s'en trouveroient mieux.

On a aſſez d'expérience pour établir que dans un corps de Ferme de
la contenance de trois cens arpens,

une trentaine de gros bétail, comme vaches ou bœufs, avec environ trois à quatre cens bêtes blanches, au moyen des déductions dont on a parlé ci-deffus, peuvent généralement fuffire pour s'y procurer toute la quantité d'engrais néceffaire, parce qu'en outre de ces beftiaux, on a les chevaux d'exploitation ou les bêtes de tirage qui donneront beaucoup de fumiers, indépendamment des pigeons, cochons, poules, &c. qui en procureront encore.

Si la fituation d'un corps de Ferme n'étoit pas avantageufe pour les bêtes blanches, nonobftant la pratique des jachères ; ce qui fe trouveroit dans le cas qu'il fût fitué en lieu marécageux : comme cela occafionneroit fréquemment leur pourriture, on augmenteroit le troupeau du gros bétail à proportion de ce qu'on diminueroit des bêtes blanches.

On en compte ordinairement cinq à six pour une vache ou pour un bœuf.

Supposé même qu'une aussi grande quantité de bêtes blanches excédât ce que le terroir pourroit nourrir pour la part que celui à qui elles appartiendroient, auroit sur ledit terroir, chaque habitant ayant également droit sur les jachères ou pâtures de son Terroir, à raison de la quantité de terres qu'il peut y faire valoir, en réduisant cette quantité au *prorata* du droit d'un chacun, on augmenteroit, à raison de la diminution qu'on en feroit, le troupeau du gros bétail.

Ce qui pourroit d'autant mieux se faire, qu'il n'en est pas du gros bétail comme des bêtes blanches;

qu'on eſt obligé de faire ſortir & de faire pâturer tous les jours.

Au lieu que , quand le nombre du gros bétail excéde le droit qu'on peut avoir aux pâtures communes , on n'en fait ſortir que la moitié ou le quart alternativement , pour ne pas préjudicier au droit des autres habitans.

Comme il convient de n'établir ce nombre de gros bétail, qu'on vient de déterminer , qu'au fur & à meſure de l'augmentation des pailles, le peu qu'on trouveroit, ou qu'on établiroit d'abord en vaches, auroit le tems de s'établir d'elles mêmes,tous les ans , pourvu qu'on élevât & gardât tout ce qui en proviendroit.

Il en ſeroit de même des bêtes blanches, ou brebis, qui donnent tous les ans des agneaux.

On a encore aſſez d'expérience

pour établir qu'en prenant dans ce corps de Ferme de trois cens arpens , environ un huitiéme ou un demi quart de ce qui le compose , c'est-à-dire trente-cinq à quarante arpens, pour les mettre en prairies artificielles, cela seroit généralement suffisant , au moyen de ces déductions dont on a parlé ci-dessus , pour nourrir toute cette quantité de bestiaux , en supposant qu'on fût parvenu à avoir & à recueillir la quantité de pailles nécessaire.

Ainsi, lorsqu'il s'agiroit de commencer ces deux établissemens de Prairies & de bestiaux , on ne les feroit qu'à raison du produit en pailles que ce corps de Ferme donneroit pour lors , à l'effet de ne les augmenter par la suite tous les ans , qu'à raison de l'augmentation des pailles , & jusqu'à ce qu'enfin elle devînt suffifante avec la prairie pour avoir toute cette quantité de beftiaux qu'on vient de défigner.

Comme on ne peut commencer à avoir fur le corps de Ferme de trois cens arpens, qu'on propofe, le produit en pailles qu'on peut en attendre, que quand il aura été au moins une fois amandé entièrement en neuf ans, il faut ne faire fa prairie qu'en neuf ans, & partager les trente-cinq à quarante arpens qu'on propofe d'y employer, en neuf portions à peu-près égales pour les femer tous les ans chacune, foit en fain-foin, foit en luzerne, tréfle, &c. qu'on renou-vellera exactement fuivant le tems de leur durée, pour toujours entre-tenir la même quantité de prairies.

On ne doit auffi former le nom-bre de beftiaux néceffaires qu'en neuf ans; encore faut-il bien prendre

garde

garde s'il ne convient pas d'y mettre plus de tems, de même qu'à la
prairie, pour attendre le produit
complet des pailles qu'on peut avoir,
année commune.

Ce n'eſt donc point en trois &
quatre années, comme l'ont avancé
quelques Auteurs, qu'on peut s'enrichir dans l'Agriculture.

Suivant l'expoſé qu'on vient de
faire, qui ne peut pas être conteſté
par les bons Cultivateurs, on voit
qu'il ne faut pas moins de 10 à 12 ans
pour commencer à mettre un corps
de Ferme en pleine valeur, pour
peu qu'il ſoit conſidérable.

Cependant on n'auroit pas plutôt
mis en train ce qu'il faut faire pour
parvenir à l'exécution du renouvellement de l'engrais, que nos terres
deviendroient par dégré meilleures,
& qu'on s'appercevroit d'un heureux

changement qui ne feroit qu'augmenter tous les ans.

Il n'y a donc point à dire que
cette pratique eft trop lente ; &
ceux qui parleroient ainfi, feroient voir qu'ils n'ont nulle expérience.

Il en eft des progrès qui fe font
dans l'Agriculture comme de ceux
qui fe font dans le commerce, qui
exigent de la part d'un Commerçant,
bien du tems, bien des peines, &
une bonne conduite : ce n'eft généralement qu'au bout de vingt ans
qu'il voit la folidité des gains & profits qu'il a retirés de fes entreprifes.

Il eft vrai que s'il ne s'agiffoit que
d'exécuter fur un corps de Ferme le
renouvellement de terrein par le travail de la charrue, en lui fuppofant
un fond de terre fuffifant, cela iroit
beaucoup plus vîte.

Mais où trouver dans des terres à jachères des corps de Ferme, qui n'ayent besoin que de ce secours? en ce cas il ne faudroit que moitié du tems qu'on propose & peut être moins, comme on l'a déja fait entendre ci-dessus dans la premiere Section de ce *Manuel*.

On conçoit que, si un corps de Ferme n'est que de cent cinquante arpens au total, il n'y faudra que la moitié de prairies & de bestiaux proposés ci-dessus, toujours à raison des pailles qu'il pourra produire.

Ainsi des autres corps de Ferme qui auroient plus ou moins de contenance, sur lesquels cette exécution se fera également à proportion.

On a pris pour exemple un corps de Ferme de trois cents arpens, sur lequel les engrais se font pour neuf ans; parceque d'une exécution en grand, qu'on demontre poffible & qu'on a effayé foi-même, il s'enfuit néceffairement toute exécution en petit.

Au lieu que de l'exécution en petit, il ne s'enfuit pas toujours l'exécution en grand.

On en a un exemple dans la nouvelle Méthode de M. Thull, par lequel on voit que, nonobftant toutes les expériences qu'on rapporte, il ne s'enfuit pas bien évidemment que de l'exécution en petit, qu'on ne ceffe de recommander, on puiffe aller à l'exécution en grand.

V.

Des grands avantages de la Pratique du Renouvellement d'engrais.

1°. Puisqu'il convient d'attendre les pailles & de ne faire l'augmentation du gros & menu bétail qu'à raifon de l'augmentation des pailles, il s'enfuit qu'ayant tout le tems de le laiffer augmenter par lui-même, jufqu'à ce qu'on foit parvenu à en avoir le nombre qu'on a jugé néceffaire, il n'y a aucun achat à faire.

Ainfi, lorfqu'il s'agira de faire cette augmentation dans un corps de Ferme de trois cents arpens, ou de telle autre contenance, on pourra fe contenter de le prendre en l'état où il eft, par rapport au nombre de beftiaux qui s'y trouvera.

Généralement un Fermier n'entreprend point de faire valoir un corps de ferme, quel qu'il foit, qu'il n'y mette le nombre de beftiaux néceffaire pour la confommation des pailles qu'il peut produire ; c'eft l'ufage de la Campagne.

On diroit d'un Fermier qui en agi-

roit autrement qu'il s'y prend mal
& qu'il ne réuſſira point ; ce qu'on
dit encore de ceux qui vendent leurs
pailles, au lieu d'avoir des beſtiaux
qui pourroient les conſommer.

Si avec cet uſage, qui eſt bon, on
y introduiſoit celui de l'établiſſement des prairies , lorſqu'il y en
manque , ou qu'il n'y en a pas aſſez ,
il ne reſteroit à déſirer, pour le bien
& la proſpérité des Campagnes, que
de détruire les routines qui ne s'y
font que trop établies.

2°. Il n'y aura point encore de
dépenſe à faire dans ce corps de
Ferme pour les ſemences de l'établiſſement de prairies , quoiqu'on
propoſe d'y employer trente-cinq à
quarante arpens.

Ayant déja fait voir qu'on ne doit
faire cet établiſſement qu'en neuf
années, ne peut-on pas , dès la pre-

mière où il ne s'agira que de femer quatre ou cinq arpens, recueillir affez de femences pour fe difpenfer d'en acheter l'année fuivante? A plus forte raifon par la fuite pour le continuer, le completter & le renouveller autant de fois qu'il en fera néceffaire?

Ne peut-on pas encore en vendre pendant quelques années, jufqu'à ce qu'on foit parvenu à retirer les frais des premières femences qu'on aura été obligé d'acheter, & pour en faire même fon profit?

3°. Ces 35 à 40 arpens, qu'on prendroit dans ce corps de Ferme de trois cens arpens, bien loin d'y porter préjudice, & d'en diminuer le revenu, ferviroient au contraire à le doubler, le tripler, & même augmenter au-delà. Idée que n'ont pas nos gens de Campagne, faute de fe donner la peine de calculer, ou plutôt parceque leurs baux font trop courts pour pouvoir profiter du grand bénéfice qui en réfulteroit.

Préfentement qu'on peut les faire jufqu'à dix-huit & vingt-fept ans, ils entendront plus facilement raifon.

N'étant ici queftion que des terres à jachères, qui font fans prairies, il faut fe fouvenir qu'on a démontré dans le troifiéme article des Préliminaires de ce *Manuel*, que, ces fortes de terres ne rapportant généralement, tout au plus, que cinq pour un, ou plutôt ne rendant, tous frais faits, par arpent qu'un feptier, & même rien, leur produit pourroit être facilement doublé, triplé, quadruplé, &c.

Il y a cependant cette différence à obferver qu'il y aura toujours beaucoup plus à gagner dans les terres médiocres & mauvaifes que dans les bonnes, puifque les premières, ne rapportant pas feulement cinq pour un, avant que de les bien faire valoir, feront mifes après au niveau des meilleures.

Quoiqu'il en foit, il n'y a donc point à douter que, quand le corps de Ferme dont il eft queftion, fera mis en état de pouvoir exécuter fur fa totalité, ou fur tout ce qui en aura befoin, l'entretien & le renouvellement de l'engrais, par des établiffemens de prairies & de beftiaux fuffifants, quelque qualité de terrein qu'il puiffe avoir, à moins qu'il ne foit purement fabloneux, il ne s'y faffe l'heureufe révolution d'augmentation qu'on vient d'annoncer, nonobftant la diftraction de trente-cinq à quarante arpens qu'on y au-

roît faite pour l'établiſſement de prairies.

Il n'y a point de bon Cultivateur,
pour peu qu'il ait d'expérience, qui
n'en convienne, ſans même qu'on
donne pour preuve ce qui eſt arrivé
à l'Auteur des *Prairies artificielles*,
qui a eſſayé lui-même cette pratique pendant trente années avec
tant de ſuccès.

On peut dire qu'il eſt le premier
dans toute l'Agriculture, qui en ait
donné l'exemple, & un exemple qui
doit d'autant plus frapper, que, ſi
on l'imitoit dans tout ce qui ſe trouve ſans prairies, la France deviendroit le plus riche Royaume de l'U-
nivers.

4°. Ces trente-cinq à quarante
arpens occaſionneront encore ſur
les beſtiaux d'augmentation un profit qui dédommagera bien au-delà

de la diſtraction qu'on en aura faite.

De huit à dix vaches qui pouvoient ſe trouver dans ce corps de Ferme, lorſqu'on a commencé à le mettre en état de pouvoir y exécuter le renouvellement dont il eſt queſtion, le nombre s'en étant augmenté juſqu'à trente, en mettant ſeulement le produit des vingt de ſurplus, à raiſon de 15 livres par année l'une dans l'autre, cela fait déja 300 livres au moins d'augmentation de revenu.

Les bêtes blanches ſe trouvant augmentées juſqu'à quatre cents, au lieu de cent qui pouvoient s'y trouver, en mettant le produit de leurs toiſons à raiſon de 2 livres 10 ſols chacune par an, l'une dans l'autre, & la livre à raiſon de vingt ſols, en ne faiſant attention qu'au produit de l'augmentation des trois cents, voilà encore fept à huit cents livres qu'on peut avoir tous les ans de furplus.

On ne fait pas mention du profit qu'on peut trouver fur la vente & revente, & fur le commerce de tous ces beftiaux, parcequ'il doit fe compenfer avec les pertes & mortalités qui peuvent arriver.

Pour cette raifon encore, afin de n'être pas accufé d'exagérer, on ne fixera, année commune, tout le produit de leur augmentation, qu'à la fomme de 800 livres; quoiqu'en détail il puiffe (comme on vient de le faire voir) monter jufqu'à environ 1200 livres.

Qu'on compare préfentement ce produit fixe de 800 livres, qu'on réduira même à 600 livres fi l'on veut, avec celui qu'on auroit en ne faifant point cette augmentation de prairies & de beftiaux, on verra bien de la différence.

Il convient de la rendre sensible pour qu'on y fasse plus d'attention.

En ne faisant point de prairies ni d'augmentation de bestiaux, & en laissant dans le corps de Ferme qu'on donne pour exemple, les trente-six à quarante arpens pour porter toujours du grain, à quoi pourra monter leur produit tous les ans ? tout au plus à la somme de 200 livres ; il est aisé de le faire concevoir & même de le démontrer.

Dans ces trente-cinq à quarante arpens, étant question de jachères, il ne peut y avoir tous les ans qu'environ vingt-cinq à vingt-six arpens en rapport, sçavoir moitié froment, & moitié Mars.

Ce rapport ne pouvant être tout au plus, comme on l'a déja dit, qu'à raison de cinq pour un , & dans ces cinq pour un, n'y en ayant qu'un de reste du produit net, tous frais faits, peut-il jamais excéder ce à quoi on vient de le faire monter, y compris même les Mars? Il n'y va pas même à beaucoup près; &, en le sacrifiant, ne s'en trouvera-t-on pas bien dédommagé? puisque, du côté seulement des bestiaux, ces trente-six à quarante arpens qui mettent en état de pouvoir les nourrir, rapporteront au moins trois fois autant, indépendamment de l'augmentation prodigieuse qu'ils procureront sur ce corps de Ferme, en donnant lieu d'exercer le renouvellement de l'engrais sur sa totalité.

Il n'y a donc point à hésiter de prendre sur ce corps de Ferme, c'est-à-dire sur les trois soles qui le composent, ainsi que sur tout autre à proportion de sa contenance, la quantité de terres qu'il faudra pour un établiffement de prairies, d'autant plus que toutes les terres, qui y paf-feront, n'en feront que beaucoup meilleures, ayant, fur tout le fain-foin, l'effet de les bien nettoyer de toutes les mauvaifes herbes & raci-nes qu'elles peuvent avoir.

On repliquera fans doute que, puifqu'il y a tant de profits à augmen-ter les beftiaux, il n'y a donc pas à héfiter de préférer de mettre en-tièrement en prairies les jachères qui en procureroient davantage, en augmentant à proportion les be-ftiaux.

Sans entrer encore dans l'examen de la fuppreffion des jachères, pour les mettre en prairies, qu'on referve pour la Section fuivante, on fe con-tentera préfentement d'établir qu'un arpent de terre en pleine valeur, y compris les pailles qu'il donnera, qui fervent à nourrir les beftiaux , rapportera toujours beaucoup plus qu'un arpent de prairies.

Qu'on en faffe le calcul , la démonftration fera bien évidente , en y comprenant fur-tout l'augmentation confidérable , que le fond en acquerra ; ce qui eft le plus à confidérer.

Il ne faut donc pas donner dans l'excès de prairies ; ce feroit une autre forte d'Agromanie.

A l'égard de l'augmentation du gros & menu bétail , telle qu'on la propofe ici fur ce corps de Ferme de trois cents arpens , comme elle eft affez confidérable , il y auroit feulement quelques dépenfes à faire pour aggrandir les bergeries & étables , s'ils n'étoient pas affez fpacieux pour la contenir.

Mais peut-on faire attention à
cette

cette dépenſe en la mettant en comparaiſon avec les produits réels qu'on vient de démontrer, & qui ſont auſſi conſidérables ?

On peut voir, dans le *Traité des Prairies artificielles*, le détail qu'on y fait pour parvenir à faire au meilleur compte cette ſorte de dépenſe.

Quant à l'augmentation de la grange, on s'en diſpenſera, ſi l'on veut, en mettant en meule ce qui ne pourroit pas y être renfermé.

On ſçait dans les Campagnes, comment il faut s'y prendre pour faire ces ſortes de meules; quand elles ſont bien faites, le grain & les pailles s'y conſervent au moins auſſi bien que dans les granges, puiſque l'air y pénétre mieux de tous les côtés.

5°. Pour ne rien oublier de tout ce qui peut réſulter d'avantageux de l'exécution du renouvellement de l'engrais, c'eſt que pour engraiſſer quelques vaches, quelques bœufs, ou quelques autres animaux de la baſſe cour, à l'effet de les vendre plus favorablement, on pourra, tous les ans, ſeulement dans la ſole des Mars, ſemer quelques arpens de gros navets, de panais, de patates, &c. ſans craindre que ce que l'on en prendra, puiſſe faire le moindre tort à ce que cette ſole doit fournir pour la nourriture des bêtes de tirage, comme chevaux ou bœufs qui doivent ſervir à l'exploitation.

On dit *ſeulement dans la ſole des Mars*, parcequ'on penſe qu'il ne convient pas que, dans la ſole des jachères, rien n'y dérange ni ne gêne les labours & engrais qu'il faut y bien faire pour pouvoir mieux préparer & cultiver les terres qui ſont deſtinées à être enſemencées en froment ou en ſegle.

Pour bien engraiſſer des vaches & des bœufs, chaque pays a ſa façon; il ſemble que la meilleure eſt de leur donner du grain, comme orge ou avoine, mais ſur-tout de l'orge, ce qui leur donne beaucoup plus de goût qu'en les engraiſſant ſimplement avec de l'herbe & des racines: en faiſant venir de l'orge ou de l'avoine au lieu de ces racines, il paroît qu'il n'en coûteroit pas davantage.

On ne parle que d'un Fermier, d'un Laboureur, qui ne peut engraiſſer ſes beſtiaux qu'au moyen du produit de ſon corps de Ferme.

On ne peut mieux finir cet Article qu'en diſant que dans le renouvellement de l'engrais, ainſi que dans celui du renouvellement de terreins, réunis ou féparés, fe trouve le vrai moyen de rétablir l'Agriculture, & de la faire profpérer généralement.

V I.

Autre pratique de renouvellement d'Engrais.

TOUT ce qu'on vient de dire jufqu'à préfent dans les Articles précédens fur le renouvellement de l'engrais, ne concerne que les corps de Ferme dont le Domaine eft divifé & difperfé fur tout un Terroir, & fur les trois foles qui le partagent ordinairement.

Dans ces fortes de Domaines, qui fuivent le même partage que celui des Terroirs fur lefquels ils font fitués, il n'eft pas poffible de déranger leurs foles ; il faut les laiffer telles qu'elles font : on en verra les raisons dans la Section sui-vante, qui traitera des jachères.

Cependant, quoique presque tous les domaines & corps de Ferme se trouvent ainsi dispersés sur tout un Terroir, & sur les trois soles qui le partagent, il s'en trouve qui sont réunis, & dont les piéces de terres qui le composent ne sont point di-spersées, quoiqu'elles soient cultivées avec les trois soles ordinaires.

On est donc le maître, dans ces sortes de Domaines ou corps de Fer-me de faire telle division qu'on ju-gera la plus convenable ; on peut y augmenter les soles ; &, en conser-vant les jachères, on peut y en éta-blir quatre dans lesquelles, indé-pendamment des productions ordi-naires, dont on ne peut se passer, on pourra faire venir encore plus fa-cilement d'autres productions qui pourroient occafionner plus de profits : voici comme on s'y prendroit.

En ne faifant point dans un corps de Ferme de trois cents arpens, qu'on fuppoferoit n'être pas difperfé, une diftraction plus confidérable que dans le précédent Plan de culture, pour y former l'établiffement de prairies, on compoferoit les quatre foles à raifon de foixante-cinq arpens ou environ chacune.

Il y en auroit une pour les jachères, une autre pour le froment ou pour le fegle, une autre feroit en avoine ou orge pour la nourriture des bêtes de tirage qui fervent à l'exploitation, & il y en auroit encore une qui feroit foit en lin, chanvre, paftel, garence, foit en gros navets, &c.

Il eft vrai que dans cette divifion en quatre foles, il fe trouveroit moins de froment que dans la préeédente pratique ; mais on pourroit en être bien dédommagé par les plantes qu'on se procureroit au moyen de l'établissement de la quatriéme sole.

Comme on auroit, dans cette pratique, la même quantité de prairies & de bestiaux que dans la précédente, on seroit en état d'y exécuter également le renouvellement de l'engrais, tant sur la sole des jachères, que sur la quatriéme sole qui contiendroit les plantes qu'on vient de détailler.

Ce ne seroit donc que dans les Domaines ou corps de Ferme qui seroient réunis, & dont les piéces de terres qui les composent ne sont point dispersées, qu'on pourroit prendre celle des deux pratiques qui seroit jugée la plus convenable & la plus avantageuse, quoique toutes les deux ne peuvent que tendre également à augmenter prodigieusement leur revenu.

VII.

Des Engrais de Bestiaux.

ON ne fait ici mention que des engrais qui proviennent dés bestiaux, parceque ce n'est que d'eux qu'on peut tirer toute la quantité nécessaire pour amander, tous les ans, la troisiéme, la sixiéme ou la neuviéme partie d'un corps de Ferme où il seroit question des jachères.

Ce qui les rend encore préférables à toutes les autres sortes d'engrais, c'est que dans les bestiaux on trouve un double avantage, non-seulement celui de l'engrais qui est le plus considérable & qui enrichit le plus, ne tendant pas moins qu'à augmenter prodigieusement & le fond & le revenu d'un Domaine ; mais encore celui de leurs laines, de leurs peaux & de leurs productions, comme génisses, agneaux, laitage, &c. dont on fait aussi de grands profits.

En faisant de plus attention au commerce que l'on en fait, on conviendra que c'est avec raison que l'on a toujours dit que ce n'étoit que par les bestiaux, qu'on pouvoit procurer & établir l'aisance & l'abondance dans les Campagnes.

Il n'y a point de sortes de terreins labourables & en état de porter du grain, auquel leur engrais ne convienne.

Y en a-t-il un meilleur que celui de moutons ou de brebis, pour les terres humides, froides & pesantes, qui soit plus propre pour les réchauffer, les ranimer, & même pour les rendre plus meubles & les bien diviſer ; ſans cependant qu'on puiſſe dire qu'ils ne conviennent point à d'autres terres, qui ſeroient même d'une qualité contraire ?

On n'en peut pas dire autant de la marne, quoique ce ſoit un engrais très-eſtimé, lequel ne convient nullement dans un terrein ſec & chaud, puiſqu'elle le brûleroit infailliblement, & le rendroit ſtérile pour bien des années, ſi on l'y employoit inconſidérément.

A ces mêmes terres humides & froides, les crottins de pigeons (*a*)

(*a*) Le pigeon eſt ſi utile, qu'il convient de le faire connoître une bonne fois, pour qu'on ne ſoit pas tenté de le détruire mal à propos. Indépendamment qu'il eſt d'une très-grande reſſource dans les Campagnes, il n'eſt pas auſſi deſtructeur & auſſi nuiſible que bien des gens ſe le ſont imaginé. Quand un Laboureur a l'attention de bien couvrir ſes ſemences, comme il doit le ſçavoir, il n'y a rien à craindre de ſes pattes qui ne grattent jamais. Si avant conviennent auffi beaucoup ; ils ont même tant de force & de chaleur

la moiffon il fait tort à quelque froment , il le répare bien par l'excellent engrais qu'il procure, qui en fait venir beaucoup plus qu'il n'en peut manger. Il ne faut pas avoir un Colombier bien confidérable , pour être en état d'amander tous les ans deux à trois arpens. Auffitôt que la moiffon eft ouverte , ce n'eft plus au froment qu'il en veut, ni à l'avoine, ni aux lentilles, &c. c'eft principalement aux petites graines qui fe détachent des mauvaifes herbes qui ont mûries avec la moiffon, & qui font fciées & fauchées en même tems ; cela eft fi vrai qu'on n'en voit que très-rarement fur les gerbes de froment, ou fur les cochets d'avoine, de lentilles , &c. En mangeant & en détruifant toutes ces petites graines , les terres produifent beaucoup moins de mauvaifes herbes l'année fuivante , ce qui fait que les grains qu'on y enfemence , profpérent beaucoup mieux. Le véritable tems où le pigeon fait plus de dégât au froment, c'eft un peu avant la moiffon, quand il commence à mûrir, pour lors il en abbat les tiges avec fes aîles pour fe jetter fur leurs épis, auffitôt qu'ils font couchés. Avant la moiffon , il fait en-

que , pour les répandre très-claire-
ment , on eſt obligé de les ſemer à
la main comme le bled.

core du tort aux lentilles , parcequ'elles ſont
ordinairement couchées , verſant au moindre
orage qu'elles eſſuyent ; comme on en ſéme
peu , ce préjudice n'eſt pas une raiſon ſuffi-
ſante pour demander la deſtruction du Pigeon, n'y ayant que le froment qui puiſſe
l'autoriſer. Ne mangeant point de ſegle il
eſt bien moins nuiſible dans les pays , &
les Cantons où cette ſorte de bled fait le principal objet de la récolte. Il ne faut donc pas
écouter ſi légèrement les plaintes des Laboureurs qui ne les font le plus ſouvent que parceque n'ayant point de colombiers , ſoit pour
n'avoir pas aſſez de terres , ſoit pour d'autres
raiſons , ils ſont extrêmement jaloux contre ceux qui ſont fondés à jouir de ce droit.
Que ne fait-on plutôt des Ordonnances ,
comme dans le Brandebourg, & même ailleurs, contre les moineaux qui font bien plus
de dégâts ſur les fromens , & dont on ne tire
aucune utilité. Par ces Ordonnances, les gens
de la Campagne ſont tenus de repréſenter tous
les ans une certaine quantité de têtes de moineaux.

Les engrais de vaches, de bœufs & de chevaux, même mêlés enfemble, font plus analogues aux terreins chauds & fecs ; ce qui n'empêche pas qu'ils ne puiffent être auffi employés avec fuccès fur tout terrein , quand même on y mêleroit encore ceux de cochons, de poules & de toutes les autres efpéces d'animaux qui peuvent fe trouver dans une baffe-cour.

Quoique l'engrais de beftiaux puiffe être employé auffi utilement fur tout terrein , & fans en craindre aucun inconvénient, il y a cependant le pur fable, fur lequel il ne prendra point , & fur lequel il fera toujours mis en pure perte ; parceque chaque grain de fable n'eft qu'une petite pierre bien formée dont il ne peut fortir aucun fel ni aucun fuc qui foit propre à la végétation.

C'eft pourquoi, fi le fumier, qu'on

y auroit mis, ne réuſſit que par place, comme il arrive aſſez ordinairement, ce ne ſera que parcequ'il s'y ſera trouvé quelques veines de terres mêlangées avec le ſable.

Le ſentiment de ceux qui prétendent que l'engrais en général, à l'exception de celui de terre, ne donne ni ſels ni ſucs, & qu'il n'a d'autre effet que de nourrir, ranimer, fortifier & réparer ceux qu'il trouve, ne ſeroit donc pas ſans fondement.

Toute la reſſource de ces terreins de pur ſable, ne conſiſteroit parconſéquent qu'à les ouvrir & qu'à les éventrer, ſuivant l'expreſſion de l'Auteur des *Prairies artificielles*, pour en tirer la terre de deſſous, à l'effet de la mettre deſſus, pourvû qu'elle ne ſe trouvât pas trop enfoncée, c'eſt-à-dire au-delà de deux à trois pieds de profondeur.

Ce pur sable étant comme un crible à travers duquel l'eau des pluies passe toujours pour s'imbiber dessous, il y a lieu de croire qu'on y trouveroit une nouvelle terre convenable, laquelle, étant mise dessus en suffisante quantité, le mettroit en état de pouvoir être cultivé pour y faire venir du grain.

Un autre moyen encore, seroit d'y voiturer de la bonne terre & de la mettre à environ un demi-pied d'épaisseur.

Mais, comme ces dépenses seroient fort couteuses & pourroient même excéder de beaucoup le produit qu'on en retireroit, la terre en général ayant plusieurs destinations pour mieux fournir à tous nos besoins, ces sortes de terreins de pur sable seront employés beaucoup plus utilement en y plantant du bois

ou de la vigne, parceque leurs racines, qui font fortes & profondes,
font en état de pouvoir atteindre la
bonne terre de deſſous dont on vient
de parler.

Dans le cas qu'au lieu d'une terre
convenable, il ne ſe trouvât deſſous
le ſable que des pierres & des blo-
cailles, comme cela arrive aſſez ſouvent, la terre étant encore deſtinée
à les produire pour nous mettre en
état de faire des logemens ſolides,
on n'en exigeroit rien de plus, puiſque ſa deſtination ſeroit remplie.

Ce qui détermine encore à ne
point entrer dans le détail des autres
fortes d'engrais qu'on pourroit auſſi
employer très-utilement, comme les
cendres, les boues, les décombres,
la marne, &c. c'eſt qu'étant queſtion
d'amander, tous les ans, dans un corps
de Ferme une partie auſſi conſidérable

rable que l'eſt la ſixiéme ou la neuviéme ; pour pouvoir toujours y entretenir & renouveller l'engrais , ils
ne pourroient y contribuer qu'en
bien peu de choſe , n'étant pas poſſible d'en ramaſſer une aſſez grande
quantité.

Quand cela ſeroit , combien de
tems n'employeroit-on pas pour aller les chercher ? au lieu qu'on peut
avoir chez ſoi & dans ſa baſſe-cour
tous les engrais de beſtiaux dont on
a beſoin.

Il en eſt de même des engrais artificiels, quoiqu'auſſi très - bons , qui,
pour la même raiſon , ne ſont point
intéreſſants dans des amandemens
auſſi conſidérables que ceux dont
eſt queſtion ; ils y feroient ſi peu
qu'à peine les remarqueroit-on.

D'ailleurs , pour les faire , cela
prend bien du tems , & ils occupent

P

extrêmement, dans le courant d'une année, & des domestiques & des chevaux, qui ont bien des occupations à remplir, s'agissant de mêlanger avec de la terre la quantité de fumiers qu'on peut avoir, ou qu'on veut employer; ce qui se fait dans une fosse faite exprès, par des couches alternatives de l'un & de l'autre d'environ un bon demi-pied d'épaisseur.

Quoique cette pratique soit merveilleuse, & quoique l'usage des sortes d'engrais qu'on vient de détailler, autres que ceux de bestiaux, soit aussi très-bon, cependant on peut dire qu'ils seront mieux employés aux petites cultures dont on a parlé dans l'Introduction de ce *Manuel*, c'est-à-dire dans les terres qu'on ne laboure qu'à la bêche, attendu que l'entretien & le renouvellement de l'engrais, qui peut s'y pratiquer, ne doit faire qu'un très-petit objet ; ceux qui cultivent ainſi à la bêche n'en pouvant prendre ou louer que deux à trois arpens au plus, pour les faire bien valoir.

C'eſt encore dans la culture des jardins que les engrais artificiels conviendroient admirablement. Quel changement heureux ne feroient-ils pas ſur les légumes, ſur les fruits & même ſur les fleurs ? On ne peut propoſer rien qui puiſſe y faire autant d'effets.

Enfin n'étant pas douteux que l'entretien & le renouvellement d'engrais ordinaires, bien exécuté ſur la totalité d'un corps de Ferme, n'ait le même effet, avec le tems, que celui de l'engrais artificiel : il ſemble que ce ſeroit ſe donner inutilement bien de la peine que de s'entêter à vouloir les y employer.

VIII.

*Comment s'y prendre pour faire confom-
mer les engrais de beftiaux en peu
de tems.*

CE n'eft pas affez de s'être mis en
état d'amander tous les ans la neuviéme partie d'un corps de Ferme
de trois cents arpens pour entretenir continuellement fur fa totalité le
renouvellement de l'engrais ; il faut
encore que tout le fumier de beftiaux , qu'on y employera , foit
bien confommé.

Une voiture de bon fumier a plus
d'effets que deux & même trois qui
feroient chauffourés.

Le bon fumier doit fe faire avec
promptitude , pour que le Laboureur puiffe le charier fouvent ; &
puiffe le charier dans les intervalles

qu'il eft obligé de donner à fes labours, comme on l'a dit ci-deffus, pour leur donner le tems de fe reprendre.

En le conduifant fouvent, nonfeulement il aura plus de chaleur, mais il s'en trouvera beaucoup plus que fi on ne le charrioit que rarement ; puifqu'en le laiffant trop long-tems dans la foffe, il ne fe peut qu'il ne fe pourriffe, & qu'il ne s'en perde beaucoup ; ce feroit même une perte affez confidérable.

Il n'en eft pas de l'engrais de beftiaux comme des autres fortes dont on vient de parler, n'y ayant rien à faire à ceux-ci avant de les employer ; au lieu qu'à l'égard de ceux de beftiaux, on ne le doit qu'après avoir travaillé à les rendre bons.

Qui conduiroit les fumiers fur les

terres en fortant des écuries, ne feroit qu'une très-petite befogne.

Pour parvenir donc à les rendre
bons, c'eft-à-dire bien confommés,
voici ce qui fe pratique par les Laboureurs actifs & vigilans, qui fe réglent
fuivant la conformation de leur baffe-
cour.

Quand elle eft étroite, longue ou
quarrée, environnée de bâtimens,
la foffe à fumier fe trouvant dans le
milieu, ils ont l'attention, dans les
tems de chaleur & de féchereffe,
de faire jetter deffus une quantité
convenable de feaux d'eau qu'on
tire du puits ; ce qu'on répéte deux
à trois fois la femaine, fuivant le
befoin.

Ils ne manquent pas enfuite de
faire paffer deffus tous les jours leurs
beftiaux, lorfqu'ils rentrent ou qu'ils
fortent ; ce qui donne lieu, par leur

poids & leur pefanteur, de faire remonter l'eau fur la fuperficie du fumier ; & on conçoit qu'étant par ce
moyen toujours imbibé, il doit être
bientôt fait & confommé : il ne faut
pour cela qu'environ trois femaines
ou un mois au plus, fi chaud & fi fec
que le tems puiffe être.

Une autre façon, qui n'a pas moins
d'effets dans une pareille baffe-cour,
& qui n'exige pas plus de tems, c'eft
pour les tems de pluies, de ménager
l'écoulement des goutières, pour
tomber directement dans la foffe à
fumier, avec cependant la précaution de leur faire une fortie, dans
le cas d'une trop grande abondance.

Cette fortie pourroit fe pratiquer au moyen d'un conduit de
pierre ou de bois, qui dégage-
roit les eaux au dehors, & pour qu'il
ne reftât, dans la foffe que la quan-

tité d'eau qui lui conviendroit ; ce conduit feroit pofé dans une ouverture qui auroit été exactement prife dans le milieu de la profondeur de la foffe.

Les beftiaux paffant & repaffant continuellement deffus, quand ils fortiroient & rentreroient, ne manqueroient pas de faire remonter l'eau qui fe trouveroit au fond.

De telle façon que l'eau foit procurée au fumier, il faut toujours faire enforte qu'il n'y en refte point au fond de la foffe, & qu'elle remonte fur la fuperficie du fumier.

Lorfque la pluie fera trop longtems fans venir, on aura recours au premier moyen.

Si au contraire la baffe-cour eft grande & fpacieufe, & fi la foffe à fumier fe trouve dans un coin à côté des écuries ou dans le milieu, il eft important que cette foſſe ſoit exactement faite en cul de lampe & de façon qu'elle y retienne & conſerve l'eau.

En cet état, toutes les fois qu'on y déchargera les fumiers qui ſeront tirés des écuries & des étables, on ne manquera pas de les étendre & de les répandre le long des bords, & on aura ſur-tout attention de laiſſer voir le fond ou le creux de cette foſſe.

Quand elle commencera à s'emplir, en évitant toujours de laiſſer tomber le fumier au fond, on jettera pendant quelques jours pluſieurs ſeaux d'eau ſur les bords, & quand ils ſeront achevés d'être bien couverts de fumiers, autant qu'ils en pourront contenir, & toujours en y jettant quelques ſeaux d'eau juſqu'à ce que le creux ou le fond de

la foſſe s'en trouve rempli, il ne s'a-
gira plus pour lors, que de l'y puiſer
avec un poëlon pour en arroſer les
bords; ce qui étant ſouvent répété,
on verra que le fumier ſera bientôt
fait & conſommé : tout cela ne de-
mandera pas plus de trois ſemaines.

Au moyen de cette opération,
il ne ſera pas néceſſaire de faire paſſer les beſtiaux ſur cette foſſe, puiſqu'au moyen de ſon creux qui doit
toujours ſe trouver bien dégagé de
fumier, on eſt en état d'y puiſer l'eau
qui en eſt ſortie pour la jetter ſur les
bords, quand on le jugera néceſſaire ; ce qui auroit le même effet
que celui de la faire remonter par
la peſanteur des beſtiaux.

Bien plus, ſi la conformation de
la baſſe-cour ne permettoit pas qu'on
y pratiquât une foſſe, on laiſſeroit
le fumier en tas dans un coin, & on

le feroit confommer en auffi peu de tems, à mefure qu'il fe formera & s'amaffera en y jettant exactement de l'eau.

Rien ne doit moins coûter que ces attentions , étant fi différent d'employer de bons ou de mauvais fumiers.

Quand une récolte manque, ou n'a pas bien réuffi, nonobftant que le champ ait été amandé avec toute la quantité de fumiers qu'il pouvoit exiger , c'eft fouvent parcequ'elle n'étoit pas bien confommée , ou parcequ'elle n'a pas été répandue n'y enclofe à propos.

C'eft pourquoi il convient d'ajouter qu'il faut encore avoir l'attention de faire répandre le fumier auffitôt qu'il eft conduit & charié à fa deftination , & même au fur & à mefure qu'on le décharge.

On le répand plus facilement ; il s'étend mieux, & on y gagne beaucoup plus que si on différoit ; il a même plus d'effets en le répandant aussitôt ; puisqu'en le laissant dessécher à l'air, il perd beaucoup de sa bonne qualité.

On ne peut donc trop-tôt se presser de le retourner & de l'enclore avec la charrue, dès qu'il sera répandu ; une pluie qui surviendroit pour lors lui seroit bien favorable ; ce qui peut engager de l'attendre, si on prévoit qu'elle ne differera pas.

Il ne faut pas oublier de dire encore que parmi les bons Laboureurs, on ne répute bons fumiers que ceux qui sont faits avec des pailles de froment, ou de segle, d'orge & d'avoine, & qu'ils ne font aucun cas de ceux qui ne sont faits qu'avec ce qui reſte des rations d'herbages, ſoit en verd, ſoit en ſec, qu'on donne aux beſtiaux ; il s'en faut bien que ceux-ci ayent la même force, la même chaleur & les mêmes qualités des autres, & qu'ils durent auſſi long-tems.

I X.

Réponſe à un certain Auteur au ſujet des établiſſemens de Prairies.

QUOIQUE tous les avantages qu'on peut tirer des établiſſemens de prairies artificielles ſoient ſi clairs & ſi évidents, ſur-tout quand ils ſont bien réglés, croiroit-on qu'ils ne ſont pas du goût d'un certain Auteur ?

Ne pouvant, ſuivant lui, y faire pâturer les beſtiaux, parce que ce ſeroit une pâture dangereuſe, il en conclud qu'il vaut mieux s'en paſſer, & chercher d'autres moyens de ſe procurer les engrais néceſſaires, pour les ſuppléer au défaut de prairies naturelles & de pâtures communes.

On convient que les établiſſemens de prairies artificielles ne font pas faits pour ſervir de pâturages au gros bétail, non plus que les prairies naturelles, où il ne peut aller qu'après qu'elles font entièrement fauchées.

Mais ils peuvent ſervir à le bien nourrir pendant toute l'année, quand même il ne ſortiroit point, ou que très-peu.

Il y a bien des Cantons & bien des Terroirs en France ſur leſquels il n'y a ni prairies naturelles, ni pâtures communes ; cela n'empêche pas qu'il ne s'y trouve quelques beſtiaux comme vaches ou bœufs.

Or , l'ufage dans ces fortes de Cantons eft de les nourrir dans leurs étables avec l'herbe des champs , que les fervantes vont y chercher pendant les trois faifons du printems, de l'été & de l'automne , & encore avec quelques bottes de ces mêmes herbes qu'elles ont fait fécher, & qu'elles refervent pour leur tenir lieu de foin, dont elles font même une provifion pour l'hyver.

En ajoutant alternativement à cette forte de nourriture quelques bottes de pailles qui fervent auffi pour leur litière, cela fait que ce gros bétail fe trouve bien nourri : mais on doit concevoir qu'on ne peut en avoir que très-peu.

Cependant, quoique fur ces Terroirs ou Cantons , il n'y ait ni prairies naturelles, ni pâtures communes, on ne laiffe pas de le faire fortir de

tems en tems, sur-tout auffi-tôt
les moiffons pour le conduire dans
les pâtures graffes, c'eft-à-dire dans
les chaumes de froment ou de fegle, où il fe trouve pour lors ordinairement beaucoup d'herbes dont ce
gros bétail eft très-friand.

Depuis la moiffon jufqu'au printems, on le conduit ainfi de tems
en tems fur les terres qui ont été
moiffonnées, dans lefquelles il peut
trouver à pâturer ; mais, ce tems
paffé, on ne le fait fortir que pour
le mener boire ; il refte ordinairement à l'étable jufqu'au tems de
la moiffon, & on ne le conduit point
dans les terres qui font en jachères,
parcequ'elles font fpécialement ré-
fervées pour les bêtes blanches, qui,
à la différence du gros bétail, doivent
fortir tous les jours.

Suivant le détail de ces ufages,
qui

qui ont ainsi lieu sur les Terroirs où il n'y a ni pâtures communes ni prairies naturelles, on peut avoir du gros bétail, en le nourrissant comme on vient de le dire. Ainsi , au moyen des établissemens de Prairies artificielles, on aura bien plus de facilité, à nourrir le gros bétail , soit en verd , soit en sec , pendant toute l'année ; & l'on parviendra à s'en procurer le nombre nécessaire pour se mettre en état d'exécuter tous les engrais dont on peut avoir besoin , sans qu'il soit question que ces sortes d'établissemens lui servent de pâturages.

Cela ne conviendroit même pas , sur-tout , s'ils ne consistoient qu'en luzerne , parceque cette plante , quand elle n'est pas donnée avec économie , peut être dangereuse, quoique très-bonne en elle-même ;

on s'en est expliqué suffisamment dans le *Traité des Prairies artificielles.* Quoiqu'il n'y ait pas le même danger pour les établissemens de sain-foin, de tréfle, &c. encore vaut-il mieux ne faire pâturer le gros betail que quand toutes les coupes & fauchaisons en auront été faites, c'est-à-dire, vers le tems de la S. Remi ou de la S. Martin, pour se nourrir de ce qu'il peut y rester en verd : il n'y auroit pour lors aucun danger de le conduire dans une luzerne.

Ce n'est donc que, faute de connoître tous les usages de la Campagne, si cet Auteur s'est ainsi déclaré contre les établissemens de prairies artificielles ; il ne connoît apparemment que ceux qui ont lieu sur les Cantons ou Terroirs où il se trouve des pâtures communes, & des prairies naturelles.

Il n'y a cependant que les prairies artificielles qui puiſſent ſuppléer à leur défaut, puiſqu'on peut dire que ce n'eſt que dans cette vue que l'Auteur de la Nature nous en a gratifié; autrement à quoi pourroit nous ſervir un don auſſi précieux? La plus grande partie de nos terres reſteroient toujours dans une ſtérilité dont on ne pourroit les retirer?

On ne conçoit pas comment un pareil préjugé a pu prendre ſur un Auteur qui paroît d'ailleurs ſi éclairé.

TROISIEME SECTION.

Des Jachères.

ON a déja établi que l'Agriculture étoit généralement compoſée des opérations du labour, des ſemences & des engrais; & que, pour les faire mieux réuſſir, on ajoutoit les jachères pour donner du repos aux terres?

Ce repos méritant la plus grande attention, il s'agit de sçavoir quand il convient d'employer ou de supprimer les jachères : on peut dire qu'en cela consiste la grande science de l'Agriculture.

On fera voir que leur suppression ne doit être regardée dans toute l'Agriculture, que comme un cas particulier ; & qu'il n'en est, de cette suppression, vis-à-vis de leur usage que comme d'une exception à l'égard d'une régle générale.

On sera donc bien étonné d'apprendre que c'est renverser tous les principes de l'Agriculture, que de proposer de rendre générale la suppression des *Jachères*.

En attendant on commencera par dire que, faute de bien connoître ce que c'eſt que *Jachères*, ſoit pour les obſerver, ſoit pour les ſupprimer, on ignore pleinement l'Agriculture, & qu'on ne peut que s'égarer.

La preuve n'en eſt que trop évidente dans les Écrits de nos Auteurs modernes, & dans ceux même qui ont eu la plus grande réputation, puiſqu'ils n'ont fait que bégayer ſur cette importante matière ; c'eſt du moins le jugement qu'en ont porté les Cultivateurs qui ont le plus d'expérience, & qui peuvent ſeuls décider. Ils ont même inféré de la grande réputation que ces Auteurs ſe ſont ainſi faite qu'on eſt encore bien ignorant en France ſur l'Agriculture; tandis que ſur toute autre matiere on eſt ſi éclairé.

I.

Ce qu'on entend par Jachères.

ON entend par *Jachères*, des terres qui, après avoir été moissonnées, restent dans le repos, non-seulement pendant l'automne & pendant l'hyver ; mais encore dans les deux saisons du printems & de l'été de l'année suivante ; de façon qu'elles sont, une année entière & même plus, sans être ensemencées ; tout ce tems n'étant employé qu'à les labourer, les cultiver & les préparer, pour recevoir les semences qu'on leur destine.

Quoiqu'on puisse dire que cette idée des *Jachères* soit exacte ; cependant, pour lui donner plus de précision, on ajoutera qu'elle ne doit absolument tomber que sur le repos que les terres ont pendant les deux

faisons du printems & de l'été, &
non sur celui qu'elles ont déja eu
précédemment pendant l'automne &
pendant l'hyver; puisqu'on ne peut
appeller *terres à Jachères*, celles qui,
après s'être reposées pendant l'hyver, sont ensemencées au mois de
Mars; c'est-à-dire dans la saison du
printems.

Voilà donc la vraie définition *des
Jachères*, à laquelle on ne peut trop
faire attention.

Les terres auxquelles on laisse ce
second repos, sont appellées *Jachères*, parceque, quoiqu'elles soient
labourées dans les deux saisons du
printems & de l'été, cela n'empêche
pas qu'elles ne puissent servir de
pâture aux bêtes blanches, le terme
de *Jachères*, signifiant, *servant de pâture.* Cette pâture des champs, comme on l'expliquera ci-après, est la

meilleure , & même la feule qu'on puiffe leur procurer.

Il eft vrai que les terres qui fe repofent dabord dans les deux faifons de l'automne & de l'hyver, qu'on peut encore labourer quand le tems le permet, fervent auffi de pâtures aux bêtes blanches , & que pour cette raifon, elles pourroient être également appellées *Jachères* ; mais l'ufage, qui fixe la véritable fignification des termes, n'a attaché celui-ci , dans toutes les Campagnes, qu'aux terres dont le repos eft continué pendant les deux faifons du printems & de l'été.

Il n'y a que ceux qui ne connoiffent l'Agriculture qu'en fpéculation , qui confondent ces deux repos , & qui s'y méprennent.

II.

Ce qui occasionne & nécessite les Jachères.

QUOIQUE dans l'Agriculture , on fasse usage de beaucoup d'espé-ces de semences, & de bien des sor-tes de grains; cependant , en ne les considérant que par rapport aux deux différens tems de les semer, on n'y en reconnoît que deux sor-tes, qui sont les grains de Mars & les grains d'hyver.

Par grains d'hyver, on entend essen-tiellement le froment & le segle , qui sont les deux grands objets & les plus précieux de l'Agriculture.

Les grains de Mars , comme orge , avoine , &c. sont ensemencés au printems dans des terres qui se sont reposées pendant l'hyver ; n'étant que quatre, cinq à six mois en terre, ils peuvent donner leur récolte assez à tems, en plein été, pour pouvoir bien mûrir.

Il n'en eſt pas ainſi des grains d'hyver, comme froment, ſegle, &c. qui devant être neuf à dix mois en terre, exigent qu'on les ſéme dans la ſaiſon de l'automne avant l'hyver, pour que leur récolte puiſſe auſſi tomber en plein été dans les mois de Juillet ou d'Août, qui eſt le tems le plus propre à leur maturité.

Ils peuvent être ainſi ſemés, ſans crainte qu'un hyver, ſi rigoureux qu'il puiſſe être, leur nuiſe ; pourvû que la terre ſoit ſéche, & que les fortes gelées ne ſurviennent point immédiatement après d'abondantes pluies. Au contraire les fortes & longues gelées leur ſont avantageuſes en rendant leurs récoltes plus grainées, ce que n'opèrent pas les longues pluies d'hyver qui leur ſont très - préjudiciables ; c'eſt ce qu'on apprend par l'expérience.

Si on ſemoit les grains d'hyver au mois de Mars, il eſt bien certain qu'il n'en réſulteroit que des récoltes tardives, qui à peine payeroient le Laboureur de ſes ſemences.

Ne pouvant donc être enſemencées qu'en automne & non au printems, il s'enſuit que les terres, dans leſquelles ils ſont employés , doivent ſe repoſer dans les deux ſaiſons du printems & de l'été , indépendament du repos qu'elles ont déja eu pendant l'hyver, & qu'elles ſoient, une année entière & même plus, ſans rien porter ; parcequ'il paroît qu'il ſeroit contre l'ordre de la Nature , que des terres, qui ont travaillé pendant les deux ſaiſons du printems & de l'été , fuſſent encore dans le même cas pendant les deux faiſons ſuivantes de l'automne & de l'hyver.

Au printems, tout renaît, tout reverdit, tout fleurit ; la terre reprend ſon travail ; elle employe, elle épuiſe même tous ſes ſels & tous ſes ſucs pendant les trois ſaiſons conſécutives du printems, de l'été & de l'automne, pour nourrir toutes les ſemences qu'on lui a confiées.

Mais, pendant l'hyver, elle eſt, pour ainſi dire, dans le repos, & c'eſt ce repos qui lui eſt ſi néceſſaire pour la rétablir & pour lui rendre toute ſa vigueur.

En un mot, c'eſt l'hyver qui remet la terre en état, chaque année, au printems, de vivifier toutes les plantes, tant annuelles que vivaces.

Il ſemble contre l'ordre de la Nature de ſupprimer les *Jachères* ; on peut même dire que leur ſuppreſſion auroit bien des inconvéniens , & qu'il ne feroit pas aussi facile de l'exé_cuter qu'on se l'imagine.

Dans le cas que des terres, après avoir été ensemencées & moissonnées pendant les deux saisons du printems & de l'été, fussent encore ensemencées dans la saison de l'automne suivant, c'est-à-dire vers le mois d'Octobre; comme le tems de leurs moissons qu'on vient de faire, tombe en Juillet & même en Août, il n'y auroit tout au plus qu'environ deux mois d'intervalle jufqu'à ce qu'on les ensemençât de nouveau.

Dans un si court espace peut-on donner au froment tous les labours qui lui conviennent , n'y ayant point de grain qui exige autant de peine, & qui demande à être aussi bien cultivé.

On ne pourroit tout au plus que lui donner deux labours, tandis qu'il lui en faut davantage, soit pour bien ameublir la terre, soit pour détruire les herbes.

Il s'agit de bien dégazonner une terre qui vient d'être moissonnée, & qui, parconséquent se trouve pleine de racines ; autrement, comment celles du froment, qui sont si tendres & si menues, pourroient-elles pénétrer ?

D'ailleurs, si le terrein qu'on cultiveroit dans un si court espace, est sujet à donner beaucoup d'herbes, ce ne sera pas dans la saison de l'été & de l'automne qu'on parviendra à les détruire, n'y ayant que celle du printems ou plutôt celle de l'hyver qui puisse avoir plus efficacement cet effet par des labours après la saint Martin.

A l'égard des engrais qu'il convient de donner à une terre qu'on feroit ainfi travailler fans la laiffer repofer, & qui parconfequent doivent être beaucoup plus confidérables dans le cas qu'elle n'auroit pas affez de fond pour pouvoir être renouvellée par le travail de la charrue, comment pourroit-on les faire ?

Quel embarras pour les conduire & les répandre, dans le même tems qu'on ne peut fe difpenfer de donner au moins deux Labours ? On s'en expliquera plus au-long ci-après.

Tout ne fe faifant qu'à la hâte, & un terrein ne pouvant recevoir en fi peu de tems qu'une culture forcée, peut-il jamais rendre autant que quand on le laiffe en Jachères, nonobftant qu'il paroiffe qu'on gagne beaucoup en ne les obfervant pas ?

Il faut un peu d'expérience pour fentir la vérité de ce détail qu'on ne peut contredire; voilà pourquoi ceux qui n'en ont point, n'annoncent & ne propofent que fuppreffion des *Jachères*.

Un autre motif encore, pour obferver les *Jachères*, qui eft très-intéreffant, c'eft qu'il n'y a généralement que ces fortes de terres qui donnent au bétail blanc, depuis le commencement de Mars jufqu'à la moiffon, la pâture qui leur convient.

Sans les jachères, c'eft-à-dire fans le repos des terres pendant les deux faifons du printems & de l'été, les bêtes blanches ne pourroient aller pâturer dans les champs, que depuis la moiffon jufqu'au printems ; pour lors, pendant près de fix mois, on ne pourroit les conduire que fur les chemins

chemins ou fur les bordures de quelques foffés.

On fe donne bien de garde de les mettre dans les prés, cette pâture leur étant très-pernicieufe, par rapport à la pourriture qu'elle ne manqueroit pas de leur donner; c'eft une maladie qu'elles prennent facilement; c'eft pourquoi il ne leur faut que l'herbe des champs, furtout les racines qu'elles fçavent fi bien trouver dans le labouré des *Jachères.*

On ne peut donc faire trop d'attention au peu de tems que laiffe la fuppreffion des jachères, pour bien cultiver le froment.

Voilà pourquoi dans les Pays & Cantons où la fuppreffion des jachères a lieu; ce n'eft pas tant le froment qui en fait le principal objet, que d'autres grains d'hyver, comme le colza, la lentille, &c. qui ne demande pas autant de culture.

III.

De la division & du partage des terres à Jachères.

Les grains d'hyver, & les grains de Mars se sément en deux différens tems, les uns au printems, les autres en automne, avant l'hyver, & remplissent chacun deux parties de terre bien réellement distinguées l'une de l'autre ; d'ailleurs les grains d'hyver exigent qu'on laisse dans le repos les terres qu'on leur destine, depuis le tems qu'elles ont été moissonnées, jusqu'à celui qu'on doit les ensemencer, pour être seulement labourées & cultivées ; ce qui fait au moins une année entière, & par-conséquent une autre partie de terre féparée des deux autres. De tout cela il fuit que, fur tous les Terroirs & corps de Fermes, où les jachères font obfervées, les terres, qui forment leur contenance, font toutes partagées & divifées en trois cantons ou foles, qu'on appelle *Jachères*, *Grains d'hyver* & *Grains de Mars*.

Cette divifion améne néceffairement quatre conféquences.

1°. Sur le Canton des jachères d'un Terroir, n'y ayant aucun grain de Mars, ni aucun grain d'hyver, & ne devant point y en avoir, les bêtes blanches peuvent les parcourir pendant toute l'année, fans que rien les arrête; & le Berger qui les conduit ne feroit nullement refponfable du tort qu'elles pourroient faire à un grain de Mars ou à un grain d'hyver qui s'y rencontreroit; parceque la pâture des jachères leur étant deſtinée depuis que l'Agriculture ſubſiſte, c'eſt un droit immémorial & un avantage public, auquel aucun particulier ne peut déroger.

2°. Comme les trois ſoles, de tous les terroirs à jachères, ne peuvent être compoſées chacune, que des poſſeſſions de différens Propriétaires, qu'on appelle *Domaines* ou *Corps de Ferme*, ils ont tous néceſſairement la même diviſion & le même partage que celui de leur terroir, & c'eſt d'où provient la diſtribution des piéces de terre qui les compoſent, ne s'y en trouvant point dont le Domaine ſoit réuni, à moins qu'ils ne faſſent terrein abſolument à part. Cette conformité de diviſion ne peut donc ſe déranger ; car, ſuppoſant que, dans les cantons des grains de Mars, on laiſſât quelques piéces

de terre en jachères , comment
pourroit-on aller les labourer & cultiver dans le tems que tout ce qui
les environneroit feroit en verdure ,
& à la veille d'être moiffonné ?
Comment, dans tout ce tems, pouvoir traverfer , avec une charrue &
des bêtes de tirage , ces grains de
Mars, fans occafionner des préjudi-
ces confidérables à ceux auxquels
ils appartiennent ? Les mêmes inconvéniens fe rencontreroient pareillement dans le canton des grains d'hyver, fi on vouloit femer au printems
quelques grains de Mars.

3°. Ces trois foles roulant , pour
ainfi dire , fur elles - mêmes , elles font chacune fucceffivement en
jachères , en grains d'hyver & en
grains de Mars, fans qu'aucune d'elles
fe rencontre , parceque toutes les
trois , chaque année , font cultivées

en différens tems, de façon que quand l'une est en jachères, l'autre est en grains d'hyver, & la troisiéme se trouve nécessairement en grains de Mars. Chaque sole roulant ainsi sur elle-même, on conçoit qu'il n'est pas nécessaire qu'elles ayent chacune la même contenance.

4°. Tous les ans, ces trois soles se trouvant alternativement en jachères, en grains d'hyver & en grains de Mars, il n'y en a que deux qui produisent & qui donnent des récoltes tous les ans, & il y en a toujours une troisiéme sur un terroir, sur un corps de Ferme, qui chaque année, ne rapporte rien.

Quoique, par la première de ces quatre conséquences, on ait décidé que rien ne devoit arrêter, dans les jachères, la pâture des bêtes blanches ; cependant elle ne doit point empêcher un établiffement de prairies artificielles, qui feroit réparti fur les trois foles d'un Terroir, ainfi que fur celles d'un corps de Ferme qui y feroit fitué, dans le cas qu'il ne s'y trouveroit pas de prairies naturelles, ou qu'il ne s'y en trouveroit pas affez ; puifque leur établiffement eft une amélioration dont dépend abfolument le rétabliffement de l'Agriculture dans tout le Royaume, & par-tout où on cultive : leur établiffement contribueroit même encore à mieux nourrir les bêtes blanches lorfqu'elles reviennent à la maifon.

N'y ayant point de loi générale, point de droit public fans exception, celle dont il eft queftion, ne doit faire aucune difficulté, quand elle fait encore davantage le bien public.

On a fixé généralement cet éta-

bliſſement, ſur tout corps de Ferme,
à environ un huitiéme de ſa contenance, & on a fait voir qu'il n'en
falloit pas davantage pour le bien
renouveller d'amandement, ſoit tous
les ſix ans, ſoit tous les neuf ans, en
ſuppoſant qu'on ſeroit parvenu à tirer de chaque corps de Ferme, tous
les ans, la quantité de pailles qu'il
pourroit produire, puiſqu'elle fait la
plus ſolide nourriture des beſtiaux,
& qu'elle doit y entrer au moins
pour un tiers, lorſqu'on les nourrit
en ſec.

Bien plus, on a fait voir que cet
établiſſement de prairies n'iroit pas
même à un huitiéme, & qu'il pourroit diminuer de beaucoup, ſi on ſe
ſervoit du travail de la charrue dans
les terres où il ſe trouveroit un fond
ſuffiſant pour pouvoir les renouveller au beſoin, en ajoutant que ce

renouvellement de terrein étoit plus intéreſſant que celui de l'engrais.

Ne s'agiſſant donc que d'environ un huitiéme au plus, à prendre ſur la totalité de tout corps de Ferme ou de tout Domaine, quelque ſoit ſa contenance, pour faire un établiſſement de prairies ſuffiſant, & ne s'agiſſant que du tiers d'un huitiéme ſur chacune des trois ſoles qui les compoſent, ſuppoſant un corps de Ferme de trois cens arpens, cela ne fait ſur ſa totalité, qu'environ trente-ſept à trente-huit, & ſur chaque ſole, qu'environ douze à treize arpens, & ainſi de tous les corps de Ferme ou Domaine, à proportion de leur contenance.

Ne s'agiſſant de même que d'un huitiéme ſur tout un Terroir, & que du tiers d'un huitiéme ſur chacune des trois ſoles qui le compoſent,

en le fuppofant de quinze cents arpens , cela ne fait fur fa totalité
qu'environ cent foixante arpens, &
fur chaque fole qu'environ cinquante
à foixante arpens ; il ne s'en trouveroit donc pas davantage tous les
ans dans la fole des jachères dudit
Terroir de quinze cents arpens?

Or , chaque fole d'un Terroir de
quinze cents arpens , étant d'environ cinq cents , celle des jachères
ayant par conféquent la même contenance , quel tort , quel préjudice
pourroient faire à cette pâture des
bêtes blanches, environ cinquante
à foixante arpens de prairie?

Encore faut-il , pour y employer
cette quantité , que , fur ce Terroir,
tous ceux qui y auroient des poffef-
fions & des corps de Ferme , y ayent
chacun établi une prairie dans cette
exacte proportion qu'on vient de

fixer, qui doit fuffire, & qu'on ne pourroit excéder.

Encore faut-il que, fur ce Terroir, il n'y ait point de renouvellement de terrein à faire, puifque cela diminueroit de beaucoup, comme on l'a dit, les établiffemens de prairies.

Ces établiffemens pouvant fe réduire fur bien des Terroirs à plus de la moitié, il eft, fans difficulté, qu'ils ne peuvent faire aucun tort à la pâture des bêtes blanches.

Ainfi ce feroit un bien & un avantage de la plus grande importance, pour tout le Royaume, fi le Confeil accordoit un Arrêt qui défendît, fous des peines convenables, à tout Berger, de conduire des bêtes blanches dans les établiffemens de prairies qui fe rencontreroient dans les jachères.

Il n'y a point de beftiaux qui leur foient auffi nuifibles, parceque la dent du mouton attaque toujours de façon à faire crever les racines de toutes les plantes, à la différence du gros bétail, qui n'en cherche que le verd & les feuilles.

Cet Arrêt feroit d'autant plus néceffaire que prefque tous ceux qui ont commencé des établiffemens de prairies pour le rétabliffement de leurs terres, n'ont pu les continuer, parceque les Bergers ne s'embaraffoient point de leurs défenfes, étant fouvent éxcités par quelques particuliers, & même par une Communauté, à ne point refpecter ces fortes d'établiffemens.

Il y a eu plufieurs procès intentés à ce fujet, qui ont été différemment décidés, fuivant que les Juges étoient plus ou moins inftruits fur l'Agriculture.

Mais, cet Arrêt, qui finiroit toutes les difficultés, n'autoriseroit dans tout le Royaume ces sortes d'établissemens de prairies qu'à condition qu'ils n'excéderoient point le huitiéme des terres à jachères qu'on feroit valoir.

Un pareil Arrêt contribueroit en bien peu de tems au rétablissement de l'Agriculture ; il ranimeroit le zèle des Cultivateurs qui ne peuvent être que découragés, en voyant périr leurs établissemens de prairies, par la malice des Bergers, sans pouvoir trop s'y opposer.

Il est si indispensable d'accorder cet Arrêt, que l'Auteur des prairies artificielles s'étant donné bien des mouvemens pour établir dans la Champagne les prairies artificielles, ayant même fait quelques voyages dans les terres les plus considérables

qui y font fituées pour qu'elles don-
naffent des exemples qui puffent en
impofer davantage , il eft arrivé
que , nonobftant qu'il publiât qu'il
n'y avoit que ce moyen dans toute
la Province pour y rétablir l'Agriculture , & la faire fleurir dans toutes fes vaftes plaines, on lui a répondu par-tout où il s'étoit tranfporté ,
qu'on convenoit que le moyen qu'il
propofoit étoit infaillible & aifé à
pratiquer ; mais que les Fermiers ne
vouloient ni accepter les baux de
vingt-fept ans , qu'on eft aujourd'hui
autorifé à faire , ni confentir à fe
charger des établiffemens de prairies , qu'auparavant on ne fût bien
& duement autorifé à empêcher les
Bergers de conduire leurs troupeaux
dans ces prairies artificielles.

Etant donc certain que ces prairies artificielles forment dans tous les

Pays à jachères où il ne se trouve point de prairies naturelles, une amélioration dont dépend le rétablissement des corps de Ferme qui y sont situés, ne peut-on pas dire que cet Arrêt viendroit à l'appui de celui qui a été rendu au Conseil le 8 Avril 1762, ou du moins à l'appui de l'exécution de ce qui y est contenu de plus intéressant ?

Par cet Arrêt il est ordonné que les baux à ferme des biens-fonds, feront à l'avenir passés pour un terme au-dessus de neuf ans jusqu'à vingt-sept, au moyen desquels les Fermiers feront chargés de défricher, marner, planter, ou *autrement améliorer*, en tout ou en partie, les terres comprises dans lesdits baux, feront exempts des droits d'insinuation, centiéme ou demi - centiéme denier, & des droits de francs-fiefs, sa Majesté dérogeant, &c.

Ne pouvant être contesté que les établissemens de prairies ne faffent la plus folide amélioration qu'on puiffe employer, & qu'ils ne foient compris dans cet Arrêt, que deviendroient-ils, & à quoi ferviroit cet Arrêt, s'il n'en furvenoit un fecond en interprétation, pour défendre à tous les Bergers d'y occafionner le moindre préjudice?

Au moyen de ce fecond Arrêt, qui feroit accordé, les Fermiers n'héfiteroient plus d'accepter les baux de vingt-fept ans qu'on leur propoferoit, ni de fe charger de ces établiffemens; autrement le premier refteroit fans effet, & n'auroit point d'exécution, ou du moins il n'en auroit que très-peu; & il n'en réfulteroit aucunement le bien qu'on en attend.

La

La division & le partage des terres à jachères, consistant donc à
établir sur tous les Terroirs & corps
de Ferme où elles sont observées,
trois soles qui y forment trois Cantons bien séparés les uns des autres,
& dont l'un, tous les ans, alternativement, ne rapporte rien, il
faut convenir qu'il en coûte beaucoup pour les pratiquer. Ce n'est
pas encore tout.

On ne peut bien cultiver, comme on l'a dit, les terres à Jachères,
qui sont sans prairies, qu'on ne prenne sur leur totalité, environ un huitiéme de ce qui les compose, pour
en faire un établissement.

Or, ce huitiéme ne rapportant
encore aucun grain, il s'ensuit qu'il
s'agit tous les ans d'une diminution
assez considérable sur ces sortes de
terres, pour les bien faire valoir.

S

Voilà ce qui révolte nos Amateurs d'Agriculture, & ce qu'ils ne peuvent concevoir, parcequ'ils font fans expérience.

Voilà encore pourquoi ils ne font aucun cas du plan de culture de l'Auteur des *Prairies artificielles*, qui ne traite que du renouvellement de l'engrais, & nullement de la fuppreffion des jachères.

I V.

De l'obfervation générale des Jachères.

QUOIQU'IL faille tant facrifier pour l'obfervation des jachères, & pour bien cultiver les terres qui y font affujetties; quoique depuis que l'Agriculture fubfifte, on ait tóujours fenti le déchet confidérable qu'elles occafionnent, encore font-elles généralement obfervées par-

tout où il s'agit de grains d'hyver,
& principalement de la culture du
froment.

C'est ce que nous apprennent toutes les Pratiques locales.

Qu'on les parcoure dans ce Royaume, dans toutes nos Provinces &
dans d'autres Pays & Etats où il est
aussi question de grains d'hyver,
qu'on les examine bien, on verra
qu'il y en a très-peu où les jachères
se trouvent supprimées, & on verra
que leur suppression ne sert que
comme d'une exception à une loi
générale.

La raison en est bien simple; c'est
que deux arpens bien cultivés valent
toujours beaucoup mieux que quatre, six & même plus, qui ne le
font que médiocrement.

On se trompe donc bien lourdement, quand on s'attache tant à

la quantité des terres, n'y ayant rien
de si précieux que leur bonne qualité.

Il est vrai que, dans l'observation
des jachères, la quantité en souffre,
mais on y trouve une culture aisée;
les labours se font dans les tems convenables; les amandemens & leur renouvellement s'exécutent bien, &
on est bien plus que dédommagé
par le produit considérable qu'elles
procurent.

Ainsi, en réfléchissant sur la différence des grains de Mars d'avec les
grains d'hyver, qui occasionnent les
jachères par rapport aux deux différens tems de les semer, en réfléchissant qu'elles procurent aux bêtes
blanches une pâture qui leur est si
nécessaire, ne peut-on pas penser
que l'Auteur de la Nature n'a ainsi
établi ces deux différens tems de se-

mer, que pour favoriser davantage
la propagation & la multiplication
de ce menu bétail.

Après le vivre, on ne peut disconvenir que rien n'intéreſſe tant les
hommes que leur vêtement qui,
dans notre climat, ne leur provient
principalement que des laines des
bêtes blanches.

Dira-t-on encore après cela qu'il
faudroit une loi en France, qui obligeât tous les Propriétaires de chaque Terroir de s'arranger entr'eux,
pour pouvoir réunir toutes les piéces de terre de leurs corps de Ferme,
qui ſont diſperſés ſur les trois ſoles
d'un Terroir, à l'effet de pouvoir
ſupprimer les jachères ? Dira-t-on
encore, qu'on ne peut rien faire de
bien dans l'Agriculture, ni la rétablir, qu'on n'ait obtenu une pareille
loi qui ne tendroit qu'à détruire

celle que la Nature a fi fagement établie ?

On convient que, dans un pays, ou Canton, dans lequel il fe trouve quelques montagnes ou beaucoup de terres incultes, elles favorifent encore la propagation & la multiplication de ce menu bétail, indépendamment des jachères; & que, quand il ne s'y en trouveroit point, cela ne lui feroit aucun tort : mais y a-t-il par-tout des montagnes & des terres incultes ?

V.

De la fuppreffion des Jachères par le renouvellement de Terrein.

Les Pratiques locales, en nous apprenant ce qui a déterminé généralement les jachères, nous apprennent encore ce qui a donné lieu de

les supprimer dans quelques Pays &
Cantons.

On peut bien s'en rapporter à ce
qu'elles nous enseignent là-dessus,
puisque c'est le meilleur livre d'A-
griculture qu'on puisse consulter.

Il n'y a que ce livre dans tous les
pays du monde où on cultive, pour
bien apprendre à gouverner les terres.

En le consultant donc sur ce qui
a pu déterminer la suppression des
jachères dans quelques Cantons,
nonobstant l'usage des grains d'hyver, qui ne se sément qu'en automne,
on voit que c'est parceque les terres y sont de la meilleure qualité,
qu'elles sont aisées à labourer & à
ameublir, & qu'elles ont un fond
suffisant pour pouvoir être rénouvel-
lées au besoin par le travail de la
charrue.

On y voit même que, faute de

trouver dans un terrein ces trois qualités, & sur-tout un fond suffisant, il
n'y a aucune Pratique locale où il
soit question de les supprimer, quand
même on pourroit s'y procurer facilement tous les engrais nécessaires,
par le moyen de la grande quantité
de bestiaux & de prairies qui s'y
trouvent naturellement.

Il n'est pas difficile d'en concevoir la principale raison.

Quand on est en état de renouveller un bon terrein, par le travail de
la charrue, ce n'est plus pour lors la
même terre qu'on fait porter, mais
une nouvelle qu'on lui supplée,
qui s'est reposée depuis long-tems,
& qui parconsequent ne dérange
point l'ordre de la Nature qui ne
veut point qu'une terre qui a déja
travaillé, porte encore, sans avoir
eu auparavant le repos de l'hyver

qui lui eſt ſi néceſſaire pour la rétablir.

On peut donc conclure que , ſuivant le Livre des Pratiques locales,
l'engrais ni ſon renouvellement ſi
fréquent & ſi rédoublé qu'il puiſſe l'ê-
tre, ne ſuffiſent pas , pour donner un
ſuccès bien aſſuré à la ſuppreſſion des
jachères, & que c'eſt principalement
au renouvellement de terrein qu'il
faut l'attribuer.

Ainſi , il s'agit de le bien exécuter pour gagner le bénéfice de cette
ſuppreſſion qui ne va pas moins
qu'à mettre tous les ans en produit &
en rapport, tout ce qu'on fait valoir.

Examinons préſentement les différentes façons dont on peut ſe ſervir pour bien exécuter le renouvellement de terrein.

Dans le Chapitre *des Labours* ,
au ſujet des terres à jachères , qui

font le principal objet de ce Manuel, ainſi que de toute l'Agriculture, parcequ'elles ſont généralemens en uſage, ayant été prouvé que le plus grand moyen de rétablir celles où il ſe trouvoit un fond ſuffiſant étoit d'en renouveller le terrein, par le travail de la charrue ; comme la façon de l'exécuter pourroit donner également un grand ſuccès à la ſuppreſſion des jachères dans les terreins qui lui ſeroient propres, on n'héſite pas de la répéter, quand ce ne ſeroit que pour pouvoir en mieux faire la comparaiſon avec d'autres façons de renouvellement, qui ſont encore uſitées, dont on va donner auſſi le détail ; on ſera même plus en état de juger de celle qui ſera la meilleure & la plus convenable à ſon terrein.

Cette façon de renouvellement

confiste, en fe fervant d'une char-rue à oreille, à faire le premier fil-lon d'environ quatre à cinq pouces de fond, & d'en enlever la terre qui fe renverfe, pour commencer à faire une élévation, qu'on appelle *Roye.*

Quand le premier fillon eft ache-vé, on y rentre, en changeant de côté, avec la main, l'oreille de la charrue, pour enlever & renverfer encore autant de terre que la pre-mière fois, c'eft-à-dire quatre à cinq pouces qu'on renverfe au moyen de l'oreille, pour élever au double la premiere *Roye*; ce qui ne man-que pas de doubler auffi le creux du premier fillon.

Ce premier fillon ainfi fait, on paffe au fecond qu'on fait en deux fois comme ci-deffus.

A la première les quatre à cinq pouces de terre de la fuperficie, qu'on enleve, tombent dans le creux du premier sillon, c'est-à-dire au fond.

A la seconde, les quatre à cinq pouces de terre, qu'on enleve, encore, sont jettés sur ce qui a été renversé d'abord.

De ce second sillon, on passe au troisiéme, toujours avec le même travail de la charrue en deux fois ; à moins qu'on ne veuille, pour avoir plutôt fait, employer deux charrues, qui se suivent dans le même sillon, dont la seconde enleveroit au-dessous de ce que la première enléve.

On passeroit ainsi à tous les autres sillons qui sont à faire dans la piéce de terre qu'on a entreprise, jusqu'à ce qu'elle soit achevée d'être labourée.

On doit concevoir qu'au moyen de ce travail, un terrein est bien renouvellé, & qu'il eft abfolument retourné.

Ce terrein fera d'autant mieux renouvellé, qu'il ne faut qu'environ quatre pouces de fond de terre pour faire venir, comme on l'a déja dit, les productions de l'Agriculture, & que ce ne fera plus la même terre qui portera ; mais une autre nouvelle qui aura tout le fond nécef-faire.

Cependant pour donner plus d'efficacité à ce renouvellement, ce n'eft point auffitôt que le grain de Mars aura été moiffonné, qu'il s'agit de l'exécuter ; il convient de s'y prendre de bien plus loin ; c'eft avant l'hyver qui doit précéder le printems où il fera enfemencé, qu'il eft à propos de commencer , c'eft-à-dire vers la faint-Martin : on en a détaillé les raifons dans le Chapitre *des Labours*.

Qu'on n'appréhende pas que le grain de Mars, qu'on aura femé au printems fur la nouvelle terre, l'empêche d'être une feconde fois enfemencée avec fuccès, l'automne fuivant; elle réuffira bien mieux que l'ancienne qui portoit toujours.

On doit fentir ce que c'eft qu'une nouvelle terre qui peut-être n'a jamais porté, ou qui n'a porté de longtems, & qu'en l'occupant ainfi dabord par un grain leger, comme celui d'un grain de Mars, qui ne travaille pas la terre autant qu'un grain d'hyver, il ne peut nuire à un froment & encore moins à un autre grain d'hyver, fur-tout, fi avant de l'enfemencer en automne, on a la précaution d'en labourer le terrein un peu plus avant qu'il ne l'aura été lorfqu'on l'a enfemencé en Mars.

Un grain de Mars, ainfi employé,

d'abord dans une nouvelle terre, ne serviroit même qu'à la mieux préparer à recevoir un froment, en lui donnant un peu d'engrais, fi on le juge néceffaire.

Il eft vrai que, dans cette façon de renouvellement, il s'agit d'un labour fait en deux fois, ou fait avec deux charrues qui fe fuivent, fi on en a la commodité ou le pouvoir.

Mais ce n'eft que dans une faifon, où on n'a pas autre chofe à faire, qu'on doit l'entreprendre pour le bien exécuter.

Ce double labour, qui ne doit fe faire que vers la faint-Martin avant l'hyver, peut faire durer pendant plufieurs années le renouvellement de terrein qu'il procure, n'étant queftion après cela, que de faire le labour à l'ordinaire, c'eft-à-dire à raifon de quatre à cinq pouces, &

n'y ayant que l'expérience du Laboureur, qui puiffe lui apprendre
quand il faudra en répéter le renouvellement.

Ce double labour, qui donne une
terre entièrement nouvelle, a encore
l'avantage d'exiger peu d'engrais, &
de ne l'exiger que dans le cas qu'elle
feroit jugée trop légère & trop fé-
che.

Enfin, fi ce double labour fe trouve bien fait, dans un bon terrein, il
ne fera pas néceffaire d'en rien facrifier pour le mettre en prairies artificielles ; on auroit en plein rapport
fon Domaine entier.

L'autre façon de renouveller un
terrein, demande à la vérité moins
de tems, mais donne plus de peines, ne rend qu'une terre mêlée
d'ancienne & de nouvelle, & peut
exiger beaucoup d'engrais.

Elle

Elle confifte à faire un labour plus profond qu'à l'ordinaire, c'eft-à-dire d'environ fept à huit pouces, & même plus, fi on le peut, par conféquent de trois à quatre pouces plus qu'on ne le fait communément; cette pratique, devant fe répéter à chaque labour, exige que les forces de tirage foient augmentées au double. Les productions de l'Agriculture n'occupant qu'environ trois à quatre pouces de la fuperficie de la terre, & ne pénétrant généralement pas plus avant, à moins que ce ne foit dans des terreins de la meilleure qualité, on conçoit que dès que les trois à quatre pouces de plus, que la charrue ramène, fe mêlangent avec la terre qui vient de porter; cela lui rend de nouveaux fels & de nouveaux fucs qui peuvent la mettre en état

T

de supporter la suppreſſion des jachères.

Il y a des Laboureurs qui ne fon-
çant leur charrue qu'à l'ordinaire,
ſoit qu'ils manquent de force de tirage, ſoit qu'ils en jugent inutile
l'augmentation, labourent par planches d'environ une toiſe & demie de
largeur, en ſe contentant de faire
dans les entre-deux, un petit foſſé
d'environ un pied & demi de largeur & de profondeur, pour en jetter la terre ſur les planches, qu'ils
répandent enſuite, à l'effet d'en renouveller le terrein; ce qui pourroit
même s'exécuter encore avec ſuccès
ſur des terres qui n'auroient qu'un
fond ordinaire, pour tenter d'y ſupprimer les jachères, avec l'attention
de ne pas faire les foſſés plus avant
que ce fond, en leur donnant un
peu plus de largeur.

Quoique ce renouvellement, de quelque façon qu'on y parvienne, soit le plus grand moyen dont on puisse faire usage pour parvenir à soutenir toujours sur un terrein qui a du fond, la suppression des jachères ; encore faut-il qu'il soit aisé & facile à travailler, suivant ce que nous apprennent encore nos Pratiques locales, parcequ'autrement il ne seroit pas possible de le faire valoir comme il convient en si peu de tems, c'est-à-dire dans l'espace d'environ deux mois, depuis qu'il auroit été moissonné, jusqu'à ce qu'il seroit question de l'ensemencer : en ce cas il seroit beaucoup plus profitable de le laisser en jachères, nonobstant son fond suffisant, & qu'il eût même beaucoup de qualité.

Reste à sçavoir si sur un terrein, qui auroit du fond, & qui seroit d'une qualité médiocre, quoique très-aisé à labourer & à ameublir, on pourroit supprimer les jachères avec succès, en se servant tous les ans de beaucoup d'engrais ; c'est ce qu'on va examiner dans l'Article suivant.

VI.

De la suppression des Jachères par le renouvellement de l'Engrais.

PAROISSANT bien décidé par toutes les Pratiques locales, que la suppression des jachères ne doit avoir lieu que dans les meilleurs terreins qui se labourent aisément, & qui ont principalement un fond suffisant pour pouvoir être renouvellé par le travail de la charrue, ne peut-on pas en conclure que cette suppression, sur des terreins médiocres, quoiqu'ayant un fond suffisant, ne peut réussir par la seule opération de l'engrais & de son renouvellement, si répété qu'il puisse l'être ?

C'est cependant ce que nos Auteurs modernes & nos grands Amateurs de l'Agriculture auront de la peine à entendre.

Ils prétendent que la suppression des jachères, sur tout terrein , soit qu'il y ait du fond, soit qu'il n'y en ait pas ; soit qu'il soit d'une bonne ou médiocre qualité , aisé ou difficile à ameublir, est le meilleur plan de culture qu'on puisse généralement proposer pour le rétablissement de l'Agriculture, pourvu qu'on se mette en état d'employer l'engrais & son renouvellement , autant de fois qu'il sera nécessaire.

Il s'agit de sçavoir si cette prétention peut s'exécuter aussi généralement qu'ils le prétendent.

Il n'y a pourtant pas d'apparence
T iij

que, depuis qu'on cultive, on ait jamais tenté un pareil fyftême, quoiqu'on fe foit toujours apperçu, comme aujourd'hui, du déchet confidérable qu'occafionne l'obfervation des jachères.

Comment l'auroit-on ofé ? puifque la néceffité de ne femer les grains d'hyver qu'en automne, & non au printems, entraîne généralement leur obfervation, vu fur-tout le peu de tems que donneroit leur fuppreffion pour bien cultiver avant de femer, fi non dans le cas qu'un terrein auroit toutes les qualités défignées ci-deffus.

D'ailleurs l'effet de l'engrais, comme on va le faire voir, ne peut aller jufqu'à fuppléer au dérangement de l'ordre de la Nature, comme pourroit le faire le renouvellement de terrein.

Cependant M. Patullo, fans s'appercevoir qu'il alloit contre les premiers principes de l'Agriculture, n'a pas héfité de propofer fon grand fyftême d'herbages & de beftiaux, pour parvenir à établir généralement fur toutes fortes de terreins, indéfiniment, la fuppreffion des jachères par le feul moyen des engrais, comme s'il n'étoit queftion que d'employer leur abondance, & leur renouvellement pour en tirer, fans les laiffer repofer, autant de récoltes qu'on le voudroit.

Il faut fçavoir que les engrais de beftiaux, & même que toute autre efpéce en général, à l'exception des amandemens de terre, ne fervent qu'à nourrir les fels & les fucs de la terre, qu'à les fortifier, les rétablir, & leur donner plus de chaleur & plus d'activité ; ils les multiplient mê-

T iv

me en en reſſuſcitant une grande quantité qui, ſans leur uſage, reſteroit dans l'inaction.

Mais on ne peut pas dire que l'engrais ait l'effet de créer des ſels & des ſucs; il n'y a que la terre qui le puiſſe.

Ce qui le prouve, c'eſt qu'il n'agit que plus ou moins, ſelon qu'il en trouve plus ou moins; & que dans un mauvais terrein, comme le pur ſable, où il ne ſe trouve ni ſels ni ſucs, il ne peut rien opérer, quelque quantité qu'on y employe, & quelque renouvellement qu'on puiſſe en faire.

Cela étant, toute cette prodigieuſe quantité d'engrais peut-elle effectuer ce que nous promet M. Patullo, puiſqu'elle n'agit même bien, qu'autant qu'elle eſt proportionnée aux ſels qu'elle trouve ? Elle ne peut donc fervir qu'à épuifer un terrein qu'on fait trop porter, & qui, à force d'être encore travaillé par trop de nourriture & trop d'activité, fe trouve, avec le tems, réduit à ne pouvoir plus pouffer que des herbes, au lieu de continuer à faire fructifier les femences qu'on lui donne.

On a beau dire que l'alternative de prairies & de culture, qu'on propofe de donner aux terres dans le tems qu'on les amanderoit auffi fortement, leur donneroit un repos qui les remettroit. Quand on l'accorderoit, quoiqu'on pût le contefter, s'enfuivroit-il que, pendant l'alternative en culture, toutes les fortes de terreins indéfiniment qui s'y trouveroient, feroient en état de porter plufieurs années de fuite, & qu'on feroit en état, n'y ayant point de jachères, de donner tous les ans les labours convenables ?

Il y aura toujours fur cela des inconvéniens qui, indépendamment de ceux de la trop grande abondance de l'engrais, arrêteront encore le fuccès de la fuppreffion des jachères fur des terreins qui n'auroient pas toutes les qualités dont il eft queftion.

Mais, dira-t-on, il n'y a point de fuppreffion de jachères, fans que la terre ne fe repofe tous les deux ans pendant l'hyver, après avoir donné deux recoltes de fuite en grains de Mars & en grains d'hyver, c'eft l'ordinaire de ces fortes de terre ; & cela ne pouvant même être autrement, comme on le verra ci-après, y auroit-il un fi grand inconvénient d'établir généralement la fupreffion des jachères fur toute forte de terreins indéfiniment, en employant les engrais de beſtiaux d'une façon plus convenable & plus proportion-née?

Cela ſeroit beaucoup plus raiſonnable : mais, quoiqu'on convienne qu'une terre ſans jachères doit néceſſairement ſe repoſer tous les deux ans pendant l'hyver, cela n'empêche pas que deux récoltes de ſuite ne la travaillent extrêmement, & que ce double travail, qui eſt contre l'ordre de la Nature, ne tende à l'épuiſer entièrement, nonobſtant les engrais proportionnés qu'on pourroit lui donner, s'il n'a pas de fond ſuffiſamment, & s'il n'a pas les autres qualités qu'exigent nos Pratiques locales.

On le concevra facilement, ſi on veut faire attention, combien il faut qu'un terrein fourniſſe de ſels & de fucs, pour pouvoir ainfi, deux fois de fuite, donner des récoltes fans fe repofer.

Quand même la grande abondance d'engrais, que propofe M. Patullo pourroit faire réuffir, fur toute forte de terrein, la fuppreffion des jachères; encore fon fyftême d'herbages & de Beftiaux ne pourroit-il s'exécuter.

C'eft une maxime, dans l'Agriculture, qui ne fera démentie par aucun Cultivateur, qu'on ne doit fixer la quantité de beftiaux dans un corps de Ferme, que fur la quantité de pailles qu'il peut rendre, & non fur la quantité de prairies qu'on peut avoir, ou qu'on peut fe procurer; parceque la paille eft la première nourriture des beftiaux, & qu'elle rend faines & falutaires toutes les autres qu'on peut leur donner.

C'eſt-à-dire qu'on ne peut augmenter les prairies & les beſtiaux
qu'au fur & à meſure que les pailles augmentent dans un corps de
Ferme, quand on entreprend de le
mieux faire valoir par les engrais.

Lorſque les beſtiaux ſont nourris
au ſec, ce qui dure pendant cinq à
ſix mois, qui ne leur donneroit que
des bottes de ſain-foin, de trefle,
de luzerne, &c. qui les échauffe-
roient extrêmement, les expoſeroit
à des maladies; on en a l'expérience;
toutes ces ſortes de nourriture ne leur
étant bonnes & profitables qu'autant
qu'on les entremêle de pailles.

La quantité de beſtiaux ne pouvant donc ſe régler que ſur la quantité
de pailles qu'on peut avoir, année
commune, comment M. Patullo a-
t-il pu propoſer de prendre dans un
corps de Ferme de trois cents ar-

pens, les deux tiers de fa contenance pour les mettre entièrement en prairies, en n'en laiſſant qu'un tiers pour la culture?

Suivant lui, comme on l'a déja dit, un bon arpent de ſain-foin, & de luzerne, &c. pouvant nourrir trois vaches ou trois bœufs, & réſultant de là que les deux tiers de ce corps de Ferme, mis en herbages, pourroient fournir aſſez de pâturages, ſoit en verd, ſoit en ſec, pour en nourrir environ ſix cents, ſeroit-il poſſible que le troiſiéme tiers, qui ſe trouveroit en grains de Mars & en grains d'hyver, donnât aſſez de pailles & aſſez de fourages pour toute cette prodigieuſe quantité de beſtiaux?

Sans faire le calcul de ce que pourroit produire en pailles ce troiſiéme tiers, en le ſuppoſant dans la plus grande valeur, on doit fentir qu'il n'en fourniroit jamais affez, pas même le quart ni le demi-quart de ce qu'il en faudroit.

Quand on fe contenteroit de mettre feulement en herbages, dans ce corps de ferme de trois cens arpens, la partie des jachères, on n'auroit pas même, à beaucoup près, encore affez de pailles pour tous les beftiaux que cette partie pourroit nourrir, puifque cela iroit à environ trois cents ; il faudroit donc les réduire au *prorata* de ce qu'on auroit de pailles ?

La partie des jachères devant par conféquent fe réduire auffi de même, ne s'enfuit-il pas qu'on ne peut encore propofer de mettre feulement toutes les jachères en prairies artificielles ?

Voilà pourquoi M. Patullo n'annonce pas, qu'il ait pratiqué lui-même le fyſtême qu'il propoſe : on n'en eſt pas étonné.

Il dit ſeulement, pour l'appuyer, qu'il ne propoſe que ce qu'il a vû pratiquer en Angleterre, & que ſon fyſtême y eſt regardé comme le meilleur qu'on puiſſe ſuivre : c'eſt à cette occaſion qu'il dit n'avoir point entendu parler de celui de M. Thull, quoiqu'il ſoit ſi connu en France ; là deſſus on peut l'en croire.

On ne nie cependant point, comme on l'a déja fait entendre dans une note ci-deſſus, qu'il n'ait pu voir en Angleterre quelques Propriétaires, ou Fermiers, mettre en herbages juſqu'aux deux tiers de leurs terres, n'en laiſſant en culture que le troiſiéme tiers, pour ſeulement nourrir leur ménage ; c'étoit tout ce qu'on en pouvoit tirer.

Mais

Mais s'il eût fait plus d'attention à cette façon de cultiver, il auroit jugé que ce qui en faisoit le principal objet, étoit le commerce des beftiaux ou des chevaux, & non celui de grains, & il n'en auroit pas conclu que cette façon de cultiver étoit un plan qu'on pouvoit généralement propofer pour améliorer & rétablir en France l'Agriculture.

S'il avoit encore examiné de plus près ce fyftême d'herbages, il auroit vû, que la grande quantité de beftiaux, que ces fortes de Cultivateurs avoient, ne reftoient chez eux, que dans le tems que duroit le verd, pour les vendre enfuite, & en racheter d'autres au printems.

En ce cas, le tiers de leurs terres qu'ils avoient tous les ans en culture, pouvoit fournir affez de pailles, avec ce qu'ils pouvoient ramaffer ou

V

acheter d'ailleurs , pour seulement faire la litière à tous leurs bestiaux, puisqu'il n'étoit pas question de les nourrir en sec.

En Angleterre, le commerce des bestiaux s'y fait plus qu'ailleurs , il y est fort lucratif, par rapport à la Marine qui est toujours si considérable , & qui exige des provisions immenses de salaisons.

Cependant la nouveauté de ce grand système d'herbages , qui en rempliroit les deux tiers de toutes les terres de la France , qui inonderoit toutes nos Campagnes de vaches , de bœufs, de cochons, &c. & dont même il résulteroit si peu de grains , qu'il n'y en resteroit seulement pas pour l'approvisionnement de nos villes , a été fort goûtée de nos Amateurs de l'Agriculture.

C'est un hazard qu'ils ne s'y

foient pas livrés en plein, & qu'ils n'ayent pas donné dans cet excès comme dans un autre qui a été fi bien relevé par un certain Auteur (*a*). Heureufement ils fe font bornés à en conclure la fuppreffion des jachères fur toute forte de terrein indéfiniment , en les mettant entièrement en prairies, croyant parlà beaucoup gagner ; & ils ont regardé cette fuppreffion générale des jachères, qui réfultoit du fyftême de M. Patullo , comme une invention admirable de fa part , ainfi que ces enclos garnis de haies & de plants d'arbres , qui ont cependant revolté tous les bons Cultivateurs.

C'eft pourquoi ce plan de fuppreffion des jachères , en les mettant en prairies , eft venu à la mode , & il

(*a*) L'Auteur du *Préfervatif contre l'Agromanie.*

paroît qu'on n'entend pas aujourd'hui pratiquer autrement l'Agriculture ; ce qui fait bien voir encore qu'on eſt en France bien éloigné de la connoître à fonds.

Mais une mode n'a qu'un tems, & il en ſera aſſurément de même de celle-ci, n'étant pas poſſible, comme on vient de le faire voir, de mettre ſeulement en prairies toute la partie des jachères d'un corps de Ferme , qui ne donneroit jamais aſſez de pailles pour les beſtiaux qu'elle pourroit procurer.

En ce cas, tireroit-on aſſez d'engrais de la partie de terrein qu'on ne pourroit que mettre en prairies pour ſoutenir la ſuppreſſion des jachères dans un terrein qui auroit à la vérité un fond ſuffiſant pour pouvoir être renouvellé par le travail de la charrue, qui ſeroit encore aiſé à labourer & à ameublir, mais qui ne feroit pas de la meilleure qualité, & qui ne feroit au contraire que médiocre & légère ?

Il faut donc revenir à l'obfervation des jachères, & la regarder comme le feul plan de culture, qu'on puiffe généralement propofer ; puifque leur fuppreffion exige abfolument dans un terrein les trois qualités qu'on vient de détailler, & qu'il eft fi rare de rencontrer.

Il y vient plus de froment & plus de bled fur les terres à jachères, que fur celles qui n'en ont point ; c'eft un proverbe qui eft généralement reçu dans toutes les Campagnes, parcequ'ils y viennent plus facilement, & qu'ils y réuffiffent mieux.

Il ne faut pas oublier de dire que dans toutes les terres qui ne portent naturellement que des fegles, comme dans la Champagne, ou dans quelques Cantons des autres Provinces, qu'on voudra mettre en froment, en y employant exactement le renouvellement de l'engrais, foit tous les fix ans, foit tous les neuf ans, on n'y parviendra que par l'obfervation des jachères & jamais autrement.

VII.

De la Divifion & du partage des terres qui font fans Jachères.

TOUTES les terres fans jachères n'ont que deux foles, c'eft-à-dire deux divifions qui fe trouvent tous les ans en plein rapport ; quoiqu'on y employe, comme dans les terres à jachères, les grains d'hyver & les grains de Mars.

Voici comme leur culture fe pratique.

Après que les grains de Mars ont été enfemencés au printems dans l'une des deux foles qui font, chacune, environ la moitié de ce qu'on fait valoir, & après que la moiffon en a été faite dans la faifon de l'été, on feme, l'automne fuivant, les grains d'hyver dans cette même moitié, après l'avoir préparée par les labours & les amandemens pendant environ l'efpace de deux mois.

Ces grains d'hyver ne fe récoltant que l'année fuivante en plein été, &, pour cette raifon, la fole dans laquelle ils font, fe trouvant occupée au printems, c'eft dans l'autre fole qui s'eft repofée pendant l'hyver, qu'on feme les grains de Mars, après la récolte defquels on feme, comme on l'a dit ci-deffus, les grains d'hyver l'automne fuivant.

C'eft pourquoi les terres, fans

jachères ne peuvent avoir que deux
foles, à la différence des terres où
elles font obfervées, qui en ont
trois, dont l'une fe repofe tous les
ans alternativement, & qui forment
chacune environ le tiers de ce qu'on
fait valoir.

Ces deux foles, qui n'ont lieu que
dans les terres fans jachères, après
avoir donné chacune tous les ans
alternativement deux récoltes de
fuite en grains de Mars & en grains
d'hyver, fe repofent de même auffi
alternativement, chacune, l'hyver
fuivant pour reprendre leur force &
pour fe rétablir, à la différence des
terres où elles font obfervées, qui
à chaque récolte qu'elles donnent,
foit en grains de Mars, foit en grains
d'hyver, fe repofent pendant l'hyver.

Ne pouvant donc fe trouver que

deux soles dans tous les Pays & Cantons , sur tous les Terroirs & corps de Ferme où il n'est pas question de jachères , il s'ensuit que les bêtes blanches ne peuvent y pâturer que depuis la moisson jusqu'au printems , & que pour lors tout pâturage des champs leur est interdit.

Aussi toutes ces sortes de terres ne favorisent-elles pas à beaucoup près autant la multiplication des bêtes blanches , que celles où elles sont observées , qui leur donnent une sole entière pour leur pâturage pendant toute l'année.

Les bêtes blanches pouvant du moins aller pâturer depuis la moisson jusqu'au printems dans les terres sans jachères , un Fermier , un Propriétaire même, ne doit donc pas interrompre ce pâturage par un grain d'hyver, qu'il lui prendroit fantaisie de semer dans ce qui est reservé pour n'être ensemencé qu'en Mars.

Ce pâturage étant absolument un droit public comme celui qui résulte de l'observation des jachères, & qui est même encore plus précieux, puisqu'il est bien moins considérable que l'autre, il s'ensuit aussi qu'un Berger ne seroit point répréhensible, si ses bêtes blanches faisoient du tort à ce grain d'hyver, qui dérangeroit l'ordre du terroir.

Ce ne seroit donc que dans le cas d'une prairie artificielle, dont on auroit besoin pour mieux soutenir la suppression des jachères dans quelques piéces de terre qu'on pourroit interrompre ce pâturage, laquelle, se prenant sur les deux soles, ne pourroit pas, comme dans les terres à jachères, excéder le huitiéme des terres qu'on feroit valoir, puiſque la ſuppreſſion des jachères doit s'établir plutôt par le renouvellement de terrein que par celui de l'engrais.

Les terroirs ſans jachères, ou plutôt les deux ſoles qui les diviſent, ne peuvent donc porter trois années de ſuite, & il faut qu'après deux récoltes ſuivies elles ſe repoſent chacune, alternativement, pendant l'hyver, pour recommencer enſuite à porter & à être enſemencées en grains de Mars.

Il doit en être ainſi des Domaines & corps de Ferme qui ſont ſur ces ſortes de terroir, qui ne peuvent de même porter trois années de ſuite; puiſque, compoſant leur contenance, ils ne peuvent avoir d'autres diviſions que celle de leur terroir.

Quand même un corps de Ferme feroit réuni, quand tout ce qui le compofe ne feroit point difperfé, & quand il feroit un terrein féparé de fon terroir, n'y étant pas queftion d'obfervation de jachères, on ne pourroit auffi faire porter trois fois de fuite l'une des deux foles, qui en feroit la divifion & le partage ; parceque, devant être alternativement en grains de Mars & en grains d'yver, cela ne fe rencontreroit plus. Il réfulteroit delà que dans la même année on auroit deux récoltes de grains d'hyver.

Il eft vrai qu'une récolte de grains de Mars ne vaut pas une récolte de grains d'hyver ; mais par la fuite on s'y trouveroit bien trompé ; puifque forçant ainfi un terrein par trois récoltes de fuite, fans lui donner le repos de l'hyver ; ce feroit l'épuifer abfolument.

C'eſt déja un aſſez grand effort que de le faire porter deux fois de ſuite, encore ne peut-on y parvenir qu'en le renouvellant par le travail de la charrue: mais ce renouvellement ne peut avoir lieu qu'une fois; puiſque pour l'opérer, s'agiſſant de trouver une nouvelle terre, il n'eſt pas poſſible d'en trouver encore une autre pour le recommencer ?

Quand on la trouveroit, ce qui ne pourroit arriver qu'en faiſant revenir, par le travail de la charrue, celle qui portoit l'année précédente, qui auroit toujours travaillé auparavant, & qui pourroit abſolument ſouffrir une troiſiéme récolte, parcequ'elle s'eſt repoſée aſſez longtems, encore ne ſeroit-il pas à propos de s'en ſervir.

Un Laboureur, un Cultivateur ne

peut fe paffer tous les ans de recueillir des grains de Mars pour la
nourriture & l'entretien de fon ménage ; il femble que cela ne coute
rien quand on recueille , & cela fait
toujours plus de plaifir que de l'a-
cheter.

D'ailleurs, il en coute du tems &
bien de la peine pour renouveller
un terrein : on a dû le fentir , quand
on a détaillé ce qu'il falloit faire pour
y parvenir , & c'eft une chofe qui
ne peut bien s'exécuter, qu'en s'y
prenant de loin , comme on l'a déja
dit, c'eft-à-dire qu'en s'y prenant
vers la faint-Martin , avant l'hyver.

Or cela ne fe pourroit au fecond
renouvellement , puifque , vers la
faint-Martin, le grain d'hyver, après
lequel on voudroit en faire venir un
autre, occuperoit déja pour lors la

terrein qu'on voudroit faire porter trois fois; il ne pourroit donc se faire qu'aussitôt qu'il auroit été moissonné.

Il est bien difficile de faire porter avec succès trois fois de suite la même terre qu'on ne feroit point reposer pendant un hyver, sans la dégrader & l'épuiser ; la ressource de l'engrais ne seroit que très-foible par les raisons qu'on en a déja données, & il ne pourroit qu'en résulter toujours bien des inconvéniens.

VIII.

Comment un Laboureur doit se conduire en tout pays , par rapport aux Jachères.

LEs jachères servant à donner plus de succès aux semences de grains d'hyver, sur-tout à celles du froment, il s'agit de la part de tout

Cultivateur , de sçavoir quand il convient de les observer ou de les supprimer. Cependant , quand le Domaine ou le corps de Ferme, qu'il fait valoir , fait partie du Terroir sur lequel il est situé , & quand les piéces de terre , qui le composent, sont répandues sur les soles qui forment sa contenance, soit qu'on y observe les jachères, soit qu'on ne les y observe pas, il ne peut faire autrement que de se conformer à la division de son Terroir. On en a dit les raisons, & on a fait voir les inconvéniens qui en résulteroient, s'il en agissoit autrement.

On lui a encore fait voir que dans le cas que son corps de Ferme seroit réuni, & feroit terrein à part, il n'a point d'autres principes à suivre que ceux qu'on vient de lui donner, soit pour y observer, soit pour y

supprimer

supprimer les jachères, en faisant attention que, quand il s'agit de les supprimer, il ne le peut qu'aux conditions qu'on a prescrites.

Il est si nécessaire de s'y conformer que, quand dans un corps de Ferme qui fait terrein à part, contre l'usage qui y est établi d'y observer les jachères, un Fermier avide, qui n'a pas envie de recommencer son bail, parcequ'il a en vue une autre Ferme qui lui seroit plus convenable, s'avise cependant de les supprimer, en faisant porter ses terres plusieurs années de suite, ou du moins une bonne partie; il en arrive que le Fermier qui lui succède, ne peut réussir, attendu qu'il les trouve épuisées.

Quelquefois même ce désordre n'arrive que les dernières années d'un bail ; mais la Ferme n'en eſt pas moins ruinée.

Ces ſortes de déſordres qui n'arrivent que trop ſouvent, ſont tellement à craindre, que dans tous les baux & même les plus anciens, il eſt toujours d'uſage d'y inſérer la clauſe de ne point deſſoller les terres, &c. Tant il eſt vrai que la ſuppreſſion des jachères n'a jamais fait dans l'Agriculture qu'un cas particulier !

Mais cette clauſe n'arrête aucunement les Fermiers mal intentionnés, voyant que leurs Propriétaires ſont ſi peu inſtruits de l'Agriculture, & que même ils croiroient déroger, s'ils ſe rabbaiſſoient juſqu'à porter une autre attention ſur leurs Fermes, que celle d'en tirer le revenu.

On ſe flatte cependant que le *Manuel* qu'ils trouveront ici pour

eux, qui fera la seconde partie de
cet Ouvrage, leur ouvrira enfin les
yeux.

IX.

Conclusion.

AYANT donc fait voir jusqu'où
peuvent s'étendre les divisions qui
doivent se pratiquer, tant dans les
terres à jachères, que dans celles
qui n'en ont point, par rapport aux
grains d'hyver & aux grains de Mars,
qui généralement sont d'usage par-
tout où on cultive, & quelles sont
les différentes cultures qui s'ensui-
vent : ce *Manuel* qui est fait pour
nos Laboureurs de France à l'effet de
les retirer de leurs routines, ne peut-
il pas servir également dans tous les
Etats des Souverains de l'Europe ;
puisque par-tout l'Agriculture ne
peut avoir que les mêmes princi-

pes, qui ne peuvent réfulter que de toutes les Pratiques locales du monde entier.

Si dans toutes les terres de leur dépendance, fi à chaque Domaine & à chaque corps de Ferme qui s'y trouve, où la Nature n'a pas donné de prairies on n'en a pas donné affez, on y en établiffoit d'artificielles, proportionnément à la quantité de terres dont ils feroient compofés, & comme il a été réglé ci-deffus; fi on fçavoit manier par le travail de la charrue, un bon terrein qui a du fond, & fi on fçavoit encore bien régler le renouvellement de l'engrais, les femences dont on va traiter ci-après ne pourroient qu'avoir par-tout un plein fuccès, & tous les Souverains tireroient de l'Agriculture des richeffes qui leur feroient beaucoup plus profitables que celles qui leur viennent du Pérou & de tout le commerce des Indes.

QUATRIÈME SECTION.

De l'opération des Semences.

CE n'eſt pas aſſez à un Laboureur de bien travailler ſes terres, de les bien fouiller, de les bien amander, &c. Il doit encore, conformément à ce que lui apprend ſa Pratique locale, donner toute ſon attention à ſes ſemences, s'il veut avoir de bonnes récoltes.

Quoique l'Agriculture en faſſe uſage de beaucoup, on ne s'étendra que ſur celle du froment, qui fait ſon principal objet.

Les ſemences qu'elle employe, ſont appellées grains d'hyver & grains de Mars; on en a déja parlé dans la Section des jachères, & elles y font détaillées.

On met encore au nombre des femences de l'Agriculture, le fain-foin, la luzerne, le tréfle, &c. pour faire des prairies artificielles, & qui exiftant plufieurs années, font appellées plantes vivaces, à la diffé-rence des grains de Mars & des grains d'hyver, qui ne font que des plantes annuelles,

Pour faire réuffir la femence du froment, il y a bien des précautions à prendre : il s'agit,

1°. De s'en procurer la meilleure qualité.

2°. De la préferver de la bruine,

3°. De la fortifier par des lotions ou leffives pour la garantir des in-fectes, pour en dilater tous les ger-mes, & pour la faire mieux taler & multiplier,

4°. De bien proportionner fa quantité à la qualité du terrein fur lequel on la féme ; de la jetter & répandre également ; de la bien couvrir pour la garantir encore des oifeaux ; enfin, de ne pas manquer de la femer en tems convenable.

I.

Comment fe procurer là meilleure qualité de Froment.

LE Laboureur obfervera de mettre de côté tous les ans dans fa grange, les meilleures gerbes de fa récolte ; c'eft-à-dire celles qui proviennent du Canton de fa Ferme, qui lui a paru le meilleur & le plus mûr : on le bat légèrement, en ne lui donnant que deux à trois coups de fléau, pour n'en tirer que le grain le plus mûr, qui eft toujours celui qui fe détache le plus facilement de l'épi.

Il observera encore de changer de semence tous les deux ou trois ans.

Si dans l'étendue de son corps de Ferme, il se trouve des cantons d'une qualité de terre opposée, il en changera réciproquement les semences ; ce qui ne laisse pas que de réussir ; mais la meilleure façon d'en changer, c'est de se servir d'un froment qui provienne de quelques Cantons éloignés.

En général, toutes les semences aiment à changer d'air & de terrein ; parceque la diversité leur plaît, aussi en résulte-t-il de très-grands avantages.

L'Auteur des *Prairies artificielles* qui, dans le tems qu'il faisoit valoir sa terre, ne regardoit tous les ans toutes ses opérations que comme des épreuves, ayant pendant quelques

années femé le froment qui provenoit de fa terre dans la moitié d'une
même piéce de terre, tandis que
l'autre moitié étoit femée avec un
autre froment qu'il tiroit de dix à
douze lieues, il avoit la fatisfaction
de voir une différence de récolte
qui le furprenoit. Tant il eft vrai que
le changement de femence, loin
d'être à négliger, eft d'une extrême
importance !

Il n'y a point de Laboureur qui
ne puiffe l'exécuter, fans même qu'il
lui en coûte rien ; parcequ'en vendant celui qu'il a recueilli, il achéte
au même prix un froment d'un Canton éloigné : en tout cas il ne pourroit être que bien dédommagé du
furplus qu'il pourroit ajoûter.

II.

De la Bruine & de sa véritable cause.

DE quelque bonne qualité que paroisse un froment, il faut travailler à le préserver d'une maladie qu'on appelle *Bruine*, à laquelle il est très-sujet, & qui lui fait un tort très-considérable.

Cette maladie est la peste des fromens; elle en diminue beaucoup le prix & encore la quantité, jusqu'à la réduire quelquefois à la moitié; elle ne donne toujours qu'une paille noire, qui dégoûte les chevaux & les bestiaux.

Les épis de froment, qui en sont infectés, sont remplis d'une poussière noire très-puante, au lieu de contenir une farine blanche.

Quand on bat à la grange des

gerbes remplies de ces mauvais épis, la pouffière qui s'en exhale, s'attache aux poils qui fe trouvent à l'extrêmité de tous les autres grains qui font fains, de façon que tout le bled, qui eft battu, s'en trouve attaqué, & que le pain qui en provient eft toujours noir.

Si on veut corriger ce défaut on lave le bled avant de le faire moudre; mais la farine n'en eft plus ni fi bonne ni fi ferme, & ne renfle plus auffi bien qu'elle auroit pu le faire auparavant.

Comme ce lavage occafionne un certain déchet, il y en a qui préfèrent de laiffer le grain tel qu'il eft; parceque le noir qu'il a contracté, n'en change point le goût, quoique la couleur du pain foit défagréable à la vue.

On connoît ces épis bruinés avant

la moiſſon, à leur couleur verte, brune & un peu blanchâtre, c'eſt auſſitôt que la fleur eſt paſſée qu'on les apperçoit.

Il y a encore une autre maladie qui arrive moins ſouvent aux fromens, & qui cauſe encore bien du dégât; on l'appelle *Nielle*.

C'eſt une eſpéce de rouille qui s'attache à leurs tiges, lorſqu'ils ſont prêts à mûrir, & qui a l'effet d'empêcher de groſſir les grains qui ſont contenus dans l'épi, de façon qu'ils s'y deſſéchent, & qu'y reſtant très-menus, ils ne contiennent preſque point de farine.

Cet accident provient de la trop grande ardeur des rayons du ſoleil, quand ils ſurviennent trop ſubitement après un brouillard, une roſée & même une pluie, avant que la tige ait eu le tems de ſécher: on ne peut y remédier, quoiqu'on en connoisse la cause.

Il n'en est pas de même de la bruine dont on peut garantir le froment. Il s'agit de voir quelle en est la cause, & ce qu'on peut faire pour s'en préserver.

L'opération est simple ; elle ne consiste qu'à tremper le froment dans une eau tiéde, en le remuant fortement plusieurs fois en tous sens avec un bâton, & écumant chaque fois avec un écumoir, tous les grains qui surnagent ; on répéte cette opération jusqu'à ce qu'il n'en surnage plus.

Or, tous les grains qui surnagent, ne peuvent être que de faux grains, qui, n'ayant pas la plénitude & la pesanteur des grains qui sont murs & sains, doivent naturellement revenir au-dessus de l'eau.

Ce qui prouve que c'eſt le meilleur expédient qu'on puiſſe employer, c'eſt qu'on a l'expérience
que, quand on ne ſéme qu'un grain
bien mûr & bien net, qui ne provient que des meilleures gerbes, ſur
leſquelles on n'a donné que quelques
coups de fléau, on eſt exempt de la
bruine.

Il paroît donc que cette maladie
ne provient que de la foibleſſe &
de l'imperfection de la ſemence,
c'eſt-à-dire de ſon défaut de maturité, ou de quelque altération.

Cependant on obſerve que cette
cauſe de la bruine agit plus ou moins,
ſuivant qu'il ſurvient plus ou moins
de brouillards ou de fraîcheurs, lorſque le froment eſt en fleur ; parceque quand le tems eſt pour lors favorable, il arrive qu'une partie de ces
grains foibles & imparfaits réuſſiſ-
ſent quelquefois.

Mais il paroît qu'on ne doit pas absolument attribuer la cause de la bruine, ni à ces brouillards, ni à ces fraîcheurs, parcequ'on a l'expérience que, nonobstant ces contre-tems, le froment réussit toujours, lorsqu'on a pris les précautions qu'on vient de détailler.

Comme il peut se glisser de faux grains, lorsqu'on se contente de faire battre légèrement des gerbes choisies, on fera mieux d'ajouter l'opération de l'eau tiéde, parcequ'on sera bien assuré qu'il n'y en restera point.

Aussitôt que le froment est retiré de cette eau, on a l'attention, pour le faire sécher, de jetter dessus une quantité raisonnable de chaux vive, bien fondue, & bien réduite en poussière, qui sert à le fortifier & à le faire germer plus vîte.

Pour bien faire cette opération de l'eau tiéde, il faut que ce soit en petite quantité, chaque fois d'environ un boisseau, ou deux tout au plus, nonobstant la quantité de froment qu'on auroit à semer; l'opération en sera plus exacte.

L'Auteur des *Prairies artificielles* qui a fait valoir sa terre pendant trente ans n'a été exempt de la bruine que quand il a été instruit de ce qu'on vient de détailler; cependant il avoit employé auparavant toutes les lotions qui passoient pour être les meilleures, comme celles qui se font avec le salpêtre, avec le verd-de-gris, avec l'eau de fumier composée, & même avec l'urine des bestiaux & les meilleures cendres de bois de chêne, en observant très-scrupuleusement de ne point se servir de celles qui prove-
noient

noient de bois flotté : cette derniere expérience, qu'il avoit faite avec plus de confiance que les autres, ne lui a pas mieux réussi.

Il avoit encore lû tout ce qu'on a écrit pour parvenir à connoître la cause de cette maladie & pour en découvrir le reméde spécifique.

Mais, n'ayant rien trouvé qui l'ait pu satisfaire, & ses récoltes continuant toujours à en être infectées, il s'est enfin déterminé à consulter les gens du métier, c'est-à-dire quelques anciens Laboureurs.

Il a été surpris bien agréablement d'en trouver un qui lui dit bien affirmativement qu'il n'avoit jamais eu de bruine, & qu'il étoit assuré de n'en jamais avoir, sans même changer de semences ; parceque l'expérience lui en avoit fait connoître & la cause & le reméde.

Y

Cet habile Laboureur ayant fait part de ce qui eſt rapporté ci-deſſus avec un bon ſens admirable, on va donner le détail des expériences qui en ont été faites pour s'aſſurer davantage de cette pratique.

La première année que ledit Auteur a fait uſage du froment qui provenoit de l'opération de l'eau tiéde, il a ſemé en même-tems pareille quantité de froment, préparé ſeulement avec une lotion ordinaire.

Il a eu la ſatisfaction de voir qu'il n'y avoit de la bruine que dans la ſeconde partie, & que dans l'autre il n'y en avoit point.

Non content de cette première expérience, afin de s'aſſurer davantage que la cauſe de la bruine ne provenoit que de faux grains, & de grains viciés & altérés ; & pour s'aſſurer encore que le plus ſûr moyen d'y remédier, consistoit à les retirer & à n'en point semer, il fit l'année suivante une autre expérience, qui a été de semer dans une même piéce de terre, en pareille quantité, trois parties de froment.

Sçavoir, une partie bien exactement passée par l'opération de l'eau tiéde.

Une autre qui ne l'étoit pas, & qui ne provenoit que de gerbes choisies, légèrement battues.

Et une troisiéme partie qui n'étoit composée que de froment, ni choisi, ni passé par l'eau tiéde ; mais seulement préparé avec une lotion ordinaire.

A la récolte, il n'a apperçu de la bruine que dans la troisiéme partie, & n'en a jamais trouvé dans les deux autres, quoiqu'il ait répété cette même expérience pendant plusieurs années.

Si cet Auteur n'avoit pas été chargé des affaires de la ville de Reims, à
Paris, en qualité de Député, dans le
tems que l'Académie de Bourdeaux a
proposé un prix sur la cause de la
bruine & sur ce qui pouvoit y remédier, il n'auroit pas manqué de se mettre du nombre des concurrens; il en
avoit même écrit, avant d'être chargé de cette députation, au Secrétaire de cette Académie, qui a bien
voulu l'honorer de sa réponse.

Mais, pendant tout ce tems, il a
été occupé à solliciter l'exécution
des projets, qu'il avoit seul imaginés
& dressés, pour obtenir en faveur
de sa patrie, qui est la Ville du Sa-
cre de nos Rois, l'honneur d'y éri-
ger le monument de Sa Majesté. (a)

(a) C'est à sa sollicitation, soutenue de la
protection de M. le Marquis de Puizieux, Mi-
nistre & Secrétaire d'Etat, pour lors, des affai-

Il faut convenir qu'il a été bien malheureux jufqu'à préfent pour l'Agriculture, que, parmi nos La-res étrangères, & de l'avis favorable de M. de Saint-Conteft de la Chataigneraye, Intendant de la Généralité de Champagne, qu'il a été accordé pour le commencement de cette exécution, la fomme de fix cents mille livres, à prendre en plufieurs années fur la partie des Octrois de ladite Ville, qui appartient au Roi. Avec les mêmes protections, il a encore obtenu dans le même tems fur la même partie des Octrois, la fomme de cent quatre-vingt mille livres, pour continuer le bel établiffement des Fontaines qu'avoit commencé le célébre Abbé Godinot, Chanoine de ladite Ville. Il a fini heureufement fa Députation par le Traité qu'il a dreffé & conclu pour ce monument, avec le fameux Sculpteur (M. Pigall) fi connu par le chef-d'œuvre du maufolée du Maréchal de Saxe, & par d'autres ouvrages qui, comme le dit M. de Voltaire, auroient été mis au nombre des plus beaux & des plus rares morceaux de l'Antiquité fi on les avoit trouvés fous quelques ruines anciennes. Le Confeil Municipal de la Ville de Reims avoit pour lors un digne Chef & un grand Citoyen, en la perfonne de boureurs intelligens, qui ont toute l'expérience possible, il ne s'en soit pas encore trouvé qui ayent pu mettre sur le papier les réfléxions inté-

M. Rogier, Conseiller en la Cour des Monnoyes, qui, ayant senti combien tous ces projets illustreroient sa Patrie, les a adoptés, & a employé tout son zèle pour les faire agréer des Magistrats qui composoient ce Conseil. Il a fait de grandes libéralités à sa Patrie ; l'amour qu'il avoit pour les talens & les beaux Arts, l'a encore déterminé à perpétuer, par une fondation de prix considérables, les écoles de Mathématiques & de Desseins, qu'avoit établies M. de Pouilly, son Prédécesseur, avec qui il étoit d'autant plus lié, qu'il trouvoit, dans ce grand homme, le même goût & le même amour pour faire germer les talens de ses Concitoyens, & pour enrichir sa Patrie de Monumens utiles. Ce M. de Pouilly, de l'Académie des Inscriptions, avoit quitté, au regret des Sçavans, la ville de Paris, où il avoit beaucoup d'amis & de réputation : il s'est enfin distingué par l'excellent ouvrage de la *Théorie des Sentimens agréables*, que la République des Lettres a si bien reçue.

reffantes que la Pratique leur avoit fait faire ; c'eft ce qui a donné tout l'avantage apparent à ceux qui ont ofé écrire fur cet Art, mais d'après de fimples fpéculations.

III.

Lotion, ou Leffive éprouvée, pour fortifier le froment, &c.

UN Laboureur ne doit pas fe contenter que fon froment foit exemt de la bruine, il doit fonger encore à fortifier fa femence, par de bonnes lotions ou leffives pour la mieux faire taller & multiplier, puifqu'elle contient une fi grande quantité de germes, & fur-tout pour la garantir des infectes qui, la rongeant plus ou moins, en font manquer beaucoup, ou en altèrent une partie, de façon qu'ils peuvent bien auffi occafionner la bruine.

Y iv

On peut dire que toutes les lotions sont bonnes, quoiqu'il y en ait de meilleures les unes que les autres ; mais, quelque bonnes qu'elles puissent être, il ne faut pas croire qu'en garantissant le froment de ces insectes, elles soient suffisantes pour ôter toute cause de bruines ; sur quoi on ne peut compter qu'auparavant, comme on l'a démontré ci-dessus, on n'ait retiré de la semence qu'on veut employer, tous les faux grains qui peuvent s'y trouver, par le moyen de l'opération de l'eau tiéde, dont on vient de parler.

Tout ce qu'on peut donc conclure de l'usage de ces lotions, à l'égard de la bruine, c'est qu'on ne peut mieux faire que de les ajoûter à cette opération, pour être plus assuré d'en être exempt à cause des insectes.

Il est bon de dire encore que sans la précaution de cette opération, il ne faut pas croire qu'aucune lotion ou lessive, quelque bonne qu'elle puisse être soit généralement suffisante parcequ'elle aura réussi sur quelques terreins.

Il y a bien des attentions à apporter sur leurs diversités qui conviennent plus ou moins aux froments, ou qui leur sont plus ou moins propres.

Il y en a encore beaucoup à faire sur les qualités des semences, qui peuvent plus ou moins contenir de ces faux grains, & qui peuvent même n'en point contenir.

Dans la Picardie, par exemple qui est un bon pays à froment, où il se plaît, & où on ne sème des ségles que pour avoir des liens, il est certain que la bruine n'y a pas lieu aussi fréquemment que dans d'autres Provinces ou Cantons où, les terres étant séches & légères, l'on ne fait venir du froment, au lieu de fégle, qu'à force d'engrais.

Dans ces fortes de terreins qui conviennent plutôt aux fégles, les fromens n'y viennent pas aussi bien à leur perfection qu'en Picardie ; il s'y trouve plus d'altération & plus de faux graine ; ils y font plus fujets à la bruine.

Ainsi lorsqu'on employe en Picardie, ou dans d'autres bons pays à froment, ces lotions ou lessives, fans avoir fait auparavant l'opération dont il s'agit, il ne fera pas étonnant qu'on ne voye point de bruine dans ce qu'on aura femé ; parceque dans ces fortes de bons pays, les récoltes s'y trouvant généralement d'une bonne qualité, il n'y

a point ordinairement de faux grains
dans les femences qui en proviennent comme dans celles qui viennent des terres féches & légères,
qui ne font pas fi propres au froment,
& où ces fortes de lotions, fi affu-
rées qu'on le dife, ne fuffifent pas
pour les exempter de la bruine, fi-
non dans quelques années favorables, ainfi qu'on l'a déja dit.

Après cela pourra-t-on regarder
comme fi merveilleufe cette lotion
particulière, qu'on a annoncée avec
tant d'emphafe, fans cependant déterminer la caufe de la bruine ; &
pourra-t-on encore y avoir une auffi
grande confiance ?

Quand on veut rendre générales
des expériences qu'on a faites, &
prétendre qu'elles réuffiront par-
tout, il faut les avoir pratiquées fur
toutes fortes de terreins, même les

plus fecs & les plus légèrs, comme les crayonneux , fur lefquels, en Champagne , on ne réuffit à faire venir des froments, qu'avec de frequens & de forts amandemens ; au-trement ce n'eft pas connoître l'A-griculture , c'eft-à-dire , les diffé-rens effets de la diverfité des ter-reins.

Cependant , quand il s'agit d'une matière auffi importante , on doit toujours beaucoup d'éloges au tra-vail de ceux qui ont eu de bonnes intentions.

Voici quelle eft la lotion que l'Auteur des *Prairies artificielles* ajoû-toit à l'opération de l'eau tiéde , pour fortifier fa femence de froment, pour la garantir des infectes, & pour la faire mieux taller & multiplier. Comme il en a fait ufage pendant plus de vingt ans, avec des effets toujours

furprenans : on la propofe avec confiance.

Il s'agit d'avoir un tonneau de la
contenance d'environ trente à quarante feaux, qu'on remplit à moitié
de crotte de pigeons, de crotte de
poulles, de crottin de brebis ou de
moutons, de tout cela par tiers ; on
l'emplit enfuite d'eau de fumier à
cinq à fix pouces près du bord, parceque ce mêlange doit renfler.

On laiffe tremper le tout pendant environ trois femaines ou un
mois ; pendant lequel tems on ne
manquera pas de remuer fouvent.

Enfuite on tire cette infufion au
clair en la répandant dans un autre tonneau au moyen d'une claie
qu'on met fur l'ouverture ; on verra
que ce tonneau ne fe trouvera qu'à
moitié environ ; c'eft pourquoi, fi
l'on veut un tonneau complet, on

aura deux tonneaux pour l'infusion, & à proportion de la quantité de froment qu'on aura à semer.

Dans ce tonneau, ainsi tiré au clair, en le supposant environ plein, on jettera une vingtaine d'écuellées de cendres, de tel bois que l'on voudra, pourvu qu'il n'ait pas été flotté ; celles de chêne doivent être préférées ; on y jettera environ autant d'écuellées de chaux vive, c'est-à-dire qui ne vient que d'être fondue, & l'on y ajoutera en même tems deux boisseaux au moins de son de froment ou de segle, pour épaissir & rendre glutineuse ladite infusion ; on remuera bien exactement le tout, deux à trois fois par jour, jusqu'à ce qu'on en fasse usage, & sur-tout dans le moment qu'on voudra s'en servir.

Ce tonneau, qu'on a proposé de la contenance d'une quarantaine de

ſeaux, pourra ſuffire pour une quin-
zaine de ſeptiers de froment, meſure de Paris, à raiſon d'un ſeau &
demi par ſeptier ; il convient de
le jetter en différentes fois, en remuant bien le froment : & pour le
ſécher plus vîte, on jettera ſur chaque ſeptier, environ trois écuellées
de chaux vive.

On proportionnera ce tonneau à
la quantité de froment qu'on aura
à ſemer ; & , ſi on ne peut en avoir
que de la contenance d'une vingtaine de ſeaux ou environ, on en aura
pluſieurs pour ſuffire à ce qu'on
aura à ſemer.

Cette infuſion glutineuſe s'attache
tellement à chaque grain, que, quand
ils ſont ſecs, on les voit exactement
enveloppés de feuilles de ſon ,
qui ſont elles - mêmes imbibées
de cette matière ; & elles ſont ſi

parfaitement collées, que ni le mouvement de mettre le grain dans le
fac, ni celui de le femer, ne font
pas capables de les en détacher; de
façon que chaque grain conferve
toute la force qu'on lui donne, en
quoi confifte l'excellence de cette
infufion au-deffus de toutes les autres qu'on peut annoncer, qui n'é-
tant pas auffi glutineufes, fe diffi-
pent prefque entièrement lorfqu'on
féme, & n'ont que peu d'effets fur
le grain.

Au moyen de l'ufage de cette infufion, l'Auteur des *Prairies artificielles* a toujours eu de belles & d'abondantes récoltes; les épis en étoient
remarquables, en ce qu'ils étoient
plus forts & mieux garnis que ceux
des récoltes des Laboureurs de fon
Canton. Auffi, à la grange, fon bled
rendoit-il plus que celui des autres.

L'avantage

L'avantage encore de cette infusion, c'est qu'elle ne coute que la peine de la faire, le prix de la chaux étant de si peu de conséquence que le Laboureur n'y fait pas attention.

Soit qu'il soit question de cette infusion, soit qu'il s'agisse de faire la première opération qui empêche la bruine, elles sont l'une & l'autre si importantes que le Fermier ne doit pas s'en rapporter à des domestiques ; il ne doit jamais manquer de les faire soi-même, ou de les faire faire en sa présence.

L'Auteur des *Prairies artificielles* portoit sur cela les plus grandes attentions.

Il ne faut pas oublier de faire connoître le profit réel & actuel, qui résulte de ces deux opérations, & qui ne laisse pas que d'être considérable.

Comme elles font extrêmement renfler le grain, sur-tout à cause de la grande chaleur que l'infusion lui donne, on peut compter que ce profit ne sera pas moins que du quart en sus, parceque ce n'est qu'après qu'il est préparé, qu'il faut mesurer la quantité qu'on veut semer.

Quand une semence est ainsi préparée, tous les faux grains qui n'auroient pas levés, ou qui n'auroient que mal tournés en sont retirés; &, puisqu'on ne seme qu'un grain bien pur & bien net, l'on peut croire qu'on en seme davantage.

Il est cependant vrai que le froment, ainsi renflé, contient moins de grains dans la poignée du Laboureur qui le seme ; mais on ne peut disconvenir qu'il ne soit mieux disposé, pour lors, à se dilatter & à s'ouvrir, & que parconséquent il ne convienne de le semer plus clair.

Ainſi, en ſuppoſant qu'avant de le préparer, on ait meſuré quatre ſeptiers, comme on en trouvera au moins cinq après, on ſera bien dédommagé à tous égards des peines qu'on aura priſes, vû ſur-tout les merveilleux effets qui en réſulteront.

On a oublié d'obſerver qu'avant de faire ces deux lotions, il ne falloit pas manquer de cribler le froment pour retirer toutes les petites graines de mauvaiſes herbes qui pourroient s'y trouver.

A l'égard des autres grains qui ſont encore employés par l'Agriculteur, dont on a ci-deſſus fait le détail, qui ſont ou grains d'hyver, ou grains de Mars, il n'y a pas d'autre attention à avoir avant de les ſemer, que de les bien cribler, & d'en choiſir la ſemence la plus mûre & la plus nette.

IV.

Ce qui doit régler par arpent la quantité de froment qu'il convient de semer.

NOs Laboureurs en général donnent dans une routine qui leur fait un tort considérable, en s'assujettiſſant auſſi ſervilement qu'ils le font aux uſages de leurs Pratiques locales, pour régler leur façon de ſemer.

On a déja dit, & on ne peut trop le répéter, que les uſages de chaque Pratique locale n'étant que généraux, c'eſt-à-dire ne pouvant conſerver que les ſortes de qualités du terrein dominant de leur terroir, & non les ſortes de qualités des différens terreins particuliers qui peuvent s'y rencontrer, elle ne doit leur ſervir que de méthode, pour leur apprendre à chacun en particulier, comment ils doivent fe conduire dans toutes leurs opérations à caufe de la diverfité de terreins qu'ils ne peuvent que trouver dans ce qu'ils ont à faire valoir.

Ainfi, quand il s'agit de femer, ce ne font que les fortes de qualités du terrein qu'ils ont à cultiver, qu'ils doivent confulter ; & ils doivent commencer par bien examiner, pour juger de la quantité de femence qu'il convient de lui donner.

Voilà la première régle que donne la méthode qui réfulte de leurs Pratiques locales, dont ils ne difconviendront point, puifqu'ils ne peuvent s'empêcher de voir qu'on n'a pû déterminer la quantité de femence qu'elle prefcrit, qu'auparavant on ait bien examiné les fortes de qualités dont fe trouve compofé

le terrein dominant du terroir sur
lequel elle est établie.

Ils conviendront encore qu'elle
donne une autre régle, qui est plus
décisive, qui consiste dans une expérience de plusieurs années ; puisque sur un simple examen de terrein,
il n'est pas possible de bien déterminer la quantité de semence qui peut
convenir.

Il n'y a donc que ces deux régles
qui doivent guider tout Laboureur
en particulier, pour bien fixer &
déterminer sa quantité de semence
sur son terrein, dans quelque Canton
de la terre qu'il puisse habiter.

Sa Pratique n'ayant été faite &
établie que pour les lui apprendre,
tout l'usage qu'il doit en faire, consiste à la bien méditer.

Le terrein qu'un Laboureur a à
semer est bon, médiocre ou mauvais.

Supposé qu'il soit bon , & qu'en cette qualité il tienne de la qualité du terrein dominant de son Terroir, sur lequel sa Pratique locale est établie, le Laboureur en ce cas peut se conformer à ce qu'elle prescrit sur la quantité de froment qu'il convient de semer.

Cependant , comme il se trouve ordinairement quelques nuances & quelques différences dans les parties de terreins qui paroissent être de même qualité , il aura toujours recours à son expérience qui seule peut lui apprendre avec le tems , à quelle quantité il pourra véritablement s'en tenir.

Si son terrein au contraire est médiocre , & même mauvais, tandis que la qualité de son Terroir est réputée bonne , il se feroit un très-grand tort de conformer sa quantité de femence à celle que décide fa Pratique locale ; puifque, dans toute l'Agriculture, c'eft une maxime affez générale, qu'un terrein médiocre & mauvais, doit être femé plus fort que celui qui eft d'une bonne qualité.

Ce qui appuye cette maxime, c'eft que dans toutes les Pratiques locales, par rapport aux différens ufages qui y font établis, il eft reconnu & arrêté qu'il convient d'ajufter & de proportionner les opérations de l'Agriculture à toutes les fortes de terreins qui fe rencontrent.

Ainfi, fuppofé encore que le terrein d'un Laboureur fe rencontre bon, tandis que la qualité de fon Terroir fera d'être médiocre ou mauvaife, il doit femer moins fort que ne le prefcrit fa Pratique locale,

& il n'y a que son expérience qui puisse le bien guider sur cela.

Ce n'est pas tout ; le Laboureur, en prenant bien l'esprit de sa Pratique locale, verra que l'examen & l'expérience qu'elle lui donne pour principe , lui apprennent encore qu'indépendamment de la qualité du terrein, on doit examiner la variation des années , qui influe si fort sur le plus ou le moins de récoltes, & même sur la qualité du grain , en n'oubliant pas les accidens qui peuvent arriver à la semence , avant que de sortir de la terre.

Il n'est pas douteux que, quand on a établi les Pratiques locales , on n'ait pris toutes ces choses en considération pour mieux régler & fixer la quantité de semence qu'elles prescrivent par arpent.

La variation des années est telle

que, quoiqu'elles fe fuivent, on voit ordinairement tous les ans une grande différence dans les récoltes, dont le plus ou le moins ne dépend pas feulement de la qualité bonne ou mauvaife du terrein, mais encore de la faifon du printems, qui, étant plus ou moins favorable, donne lieu au froment de taller & multiplier plus ou moins.

Ceux qui ont établi les Pratiques locales, ayant certainement prévû toutes ces variations & tous ces accidens, & ayant réglé en conféquence la quantité de femence; tous nos Laboureurs, en particulier, après avoir réglé par leur examen, & par leur expérience ce que peut exiger la qualité de leur terrein, doivent, à leur exemple, ajouter plus ou moins de femence, felon qu'ils le jugeront convenable pour préve-

nir de même ces variations, ces accidens, &c.

Il ne faut donc pas s'étonner fi
nos Pratiques locales paroiffent employer tant de femences.

On ne peut obvier à toutes ces
variations & à tous ces accidens qui
furviennent ordinairement , qu'en
femant un peu plus fort que ne l'exige
la qualité du terrein; mais quand on ne
proportionne fa quantité de femence
qu'à cette qualité, on court rifque
d'en être fouvent la dupe , parcequ'il
n'y a plus moyen d'y remédier quand
le mal eft arrivé. Il vaut mieux, dit-
on dans les Campagnes , courir le
rifque d'avoir femé un peu plus fort
que de n'avoir rien.

Il y a encore une chofe qui concerne l'attention du Laboureur, qui
eft auffi une fuite de la méthode qui
réfulte de fa Pratique locale ; c'eft

que, fi le terrein qu'il a à femer eſt extrêmement humide, & par conſéquent fujet à pouſſer beaucoup d'herbes, il doit le femer plus fort, quoique reconnu d'une bonne qualité, pour occuper davantage fon terrein, & pour leur donner moins de priſe, & même plus fort que dans un terrein médiocre, qui ne donneroit point d'herbes.

Voilà pourquoi Olivier de Serre prétend qu'il n'eſt pas abſolument décidé qu'il faille toujours femer moins fort dans les bons & les meilleurs terreins.

Le plus ou le moins d'herbes qui peuvent pouſſer eſt beaucoup à confidérer, de même que l'inconvénient, lorſqu'ils font femés trop clair, de ne rendre que des pailles, dont les tiges font fi groſſes & fi dures, que les bêtes de tirage,

& les beftiaux néceffaires pour bien faire valoir un corps de Ferme , ne peuvent s'en accommoder.

Quand un froment au contraire eft femé plus dru , deux épis, qu'on moiffonne , au lieu d'un , dans la quantité de la récolte, ne valent-ils pas bien un gros épi qui ne rendra pas plus de grains & qui en rendra même moins? Il en réfulte encore une paille qui eft beaucoup plus fine & plus friande pour les beftiaux.

Il faut faire attention que l'objet de l'Agriculture n'eft pas feulement de nourrir les hommes , & de leur procurer leurs befoins ; mais encore de nourrir les beftiaux dont on ne peut fe paffer.

Il réfulte donc que cette proportion de femer , qu'exigent les différens terreins qu'un Laboureur a à cultiver , demande toute fon attention & son expérience, & qu'il lui faut bien des années pour commencer à voir à quoi il peut s'en tenir : on peut même dire que c'est l'opération la plus difficile & la plus embaraffante de l'Agriculture.

Cependant, dans la nouvelle Méthode de M. Thull, rien n'est si aifé ni si facile que cette proportion ; puisque, felon lui, il ne s'agit que de réduire à moitié, au tiers, & même au quart, la quantité de femence qu'on employe dans nos Pratiques locales, pour être affuré, par le moyen de fon femoir, d'avoir tous les ans d'excellentes récoltes : il fembleroit donc, à l'entendre, que ce ne feroit ni l'examen du terrein, ni l'expérience, ni même toutes les variations & les accidens qu'on vient de détailler, qui doivent régler la quantité de femences par arpent ;

& que l'ufage de fon femoir auroit feul cette vertu, parcequ'il a l'effet d'efpacer chaque grain qu'il répand, à la diftance de cinq à fix pouces plus ou moins.

On convient que dans certaines années favorables, une petite quantité de femences peut beaucoup mieux réuffir qu'une plus grande, quoique réglée par l'expérience qu'on peut s'être faite; en voici un exemple qui fera cependant voir que ce feroit une grande imprudence de réduire toujours ainfi fa femence, fur-tout fi l'on faifoit ufage du femoir avec une pareille réduction dans la façon ordinaire de cultiver.

Il eft arrivé à l'Auteur des *Prairies artificielles*, en allant vifiter fes fromens dans la faifon du printems, d'en trouver un arpent qui, ayant été femé plus tard que les autres, fe trou-

voit si éclairci par la rigueur de l'hyver, & par d'autres accidens qu'il
avoit essuyés, qu'il n'y restoit pas
la sixiéme partie de la semence
qu'on y avoit jettée ; on n'y voyoit
que dès brins de froment extrêmement espécès les uns des autres.

Sans un ancien Laboureur, qui
pour lors l'accompagnoit, il étoit
déterminé à faire retourner ce froment pour y mettre de l'orge ; mais
il lui donna avis de n'en rien faire :
» Parceque, lui disoit-il, si la fin
» d'Avril & le commencement de
» Mai se trouvent favorables ; cet ar-
» pent, qui paroît si désespéré, sera
» peut-être le plus beau de tous vos
» fromens. «

Ainsi le terrein lui paroissant extrêmement bon, parcequ'il avoit été
amandé plusieurs fois, il l'engagea à
faire cette épreuve pour lui faire
connoître

connoître ce qu'il en eſt du tallement du froment dans un bon terrein , & juſqu'où il peut s'étendre ,
quand les années ſont favorables.

L'avis ayant été ſuivi , & la fin
d'Avril & le commencement de Mai
ayant correſpondu à ce qu'avoit
prédit cet ancien Laboureur, la moiſſon de cet arpent rapporta beaucoup
plus , à proportion que tous les autres froments qu'avoit encore l'Auteur des *Prairies artificielles.*

Ce Laboureur , profitant de cet
événement, ne manqua pas d'ajoûter
que , quoiqu'il eût été témoin d'un
tallement ſi prodigieux & ſi extra-
ordinaire , il ne s'enſuivoit pas qu'il
dût changer ſa façon de ſemer , en
réduiſant ſa quantité de ſemence à
un cinquiéme ou à un ſixiéme , comme lui paroiſſoit être réduite celle qui
étoit reſtée dans ſa piéce de terre ,

attendu que (par rapport à bien des accidens qui n'arrivent que trop ordinairement au froment , & qu'un Laboureur doit toujours prévoir , qui font même tels que fouvent les trois quarts, ni même la moitié de ce qu'on a femé ne réuffit pas) il ne falloit point difcontinuer de régler fa quantité de femence fur l'expérience qu'il s'étoit faite ; & , pour lui prouver que le confeil qu'il lui donnoit n'étoit fondé que fur l'expérience , il lui dit d'éprouver l'année fuivante de ne femer fur une petite partie de terrein , que le quart de ce qu'on employoit de froment ordinairement. Ce qui ayant été exactement exécuté, il est arrivé que la récolte en a été totalement manquée.

La leçon de ce bon Payfan ne vaut-elle pas bien celle de M. Thull ?

C'eſt ce qu'on aura encore lieu de faire remarquer dans la Réfutation de ſa *Nouvelle Méthode.*

V.

Ce qui eſt uſité dans toutes les Pratiques locales, pour jetter & répandre également la ſemence.

L'USAGE du Laboureur , pour ſemer, eſt de prendre toujours à pleine poignée , dans ſon ſemoir qu'il porte devant lui, ſa ſemence de froment, en marchant d'un pas égal , avec meſure, & en jettant ſa poignée avec un mouvement toujours auſſi égal. S'il veut ſemer plus fort, il va plus lentement, & c'eſt de ſa marche qu'il régle le plus ou le moins de ſemence qu'il veut employer ; par ce moyen, il en eſt ſi aſſuré, que, ſi après avoir ſemé un ſeptier de froment dans un arpent, il n'en veut femer que la moitié dans un autre, il ne s'y trompe pas feulement d'une demie écuellée.

Il parvient encore à la répandre également, fi, avant de femer, il a l'attention de faire fi bien herfer fon champ, qu'il devienne parfaitement uni.

Sur ces deux chofes il n'y a certainement point à reprendre le Laboureur; & on peut même dire que, dans toutes fes opérations, c'eft ce qu'il exécute le mieux.

Qu'a donc de plus la précifion du femoir de M. Thull, au-deffus de celle du Laboureur; & ce *Plus*, quand même on le fuppoferoit, mériteroit-t-il qu'on le jugeât néceffaire au point d'en faire dépendre le rétabliffement de l'Agriculture? Mérite-t-il feulement qu'on y faffe la moindre attention?

VI.

Le Laboureur ne doit faire ſes ſemences que dans un tems convenable.

UN tems favorable fait encore beaucoup, pour faire proſpérer les ſemences.

Le froment veut être ſemé dans un tems pluvieux ; un tems trop ſec lui ſeroit nuiſible ; le ſégle exige au contraire un tems ſec ; l'avoine, l'orge, les lentilles, les pois, &c. veulent un beau tems; mais toutes ces ſemences exigent qu'on ne les faſſe point dans le tems qu'il y régne des vents violens, puiſqu'elles ne pourroient être répandues également.

A l'égard de la ſaiſon propre à faire toutes ces ſemences, le Laboureur peut s'en rapporter à ce que lui apprend fa Pratique locale , fans cependant que cela l'empêche de confulter quelquefois fon expérience.

Il ne doit pas manquer de bien faire couvrir fon froment, en même-tems qu'il le féme , pour le garantir des Pigeons & autres oifeaux; ce que le Laboureur peut faire en fe fervant d'une charrue qui le retourne avec la terre , pour l'enterrer à environ deux pouces plus ou moins , fuivant la qualité du terrein. S'il eft fec on l'enterre un peu plus; ce qu'il peut faire encore avec la herfe , en lui faifant faire deux tours , & avec la précaution de l'appefantir, comme on l'a déja dit , au moyen d'une groffe pierre qu'il mettroit deffus, fuppofé qu'il jugeât que fa herfe n'enfonce pas autant qu'il eft néceffaire.

Comme il dépend du Laboureur

de bien couvrir son froment & toutes les autres semences qu'il peut employer, c'est à tort que, dans le tems des semences, il s'en prendroit aux pigeons qui ne grattent jamais, comme nous l'avons prouvé.

CONCLUSION

De cette première Partie.

JE CROIS qu'il ne me reste plus rien à prescrire à tout Laboureur jaloux du progrès de l'Art de l'Agriculture.

Après avoir donné la définition de cette grande Science, montré ses opérations, discuté son vrai principe & la méthode qui en résulte, je suis entré dans tous les détails nécessaires, & les seuls nécessaires. Ainsi le Laboureur est à portée aujourd'hui, ou de rectifier ses pratiques; ou d'apprendre les vrais principes qui résident dans sa Pratique locale. J'ai dit tout ce que l'on pouvoit dire :

1°. De l'examen des terreins ;

2°. De l'Expérience, de la façon de l'acquérir & de ses effets ;

3°. Enfin des différentes façons d'exécuter les opérations de l'Agriculture, relativement à toutes les sortes de qualités de terreins.

Heureux si les leçons que j'ai tracées ici, après avoir été utiles à moi-même, le peuvent-être à tous les Laboureurs ! Servir la Patrie est l'ambition d'une belle ame.

Fin de la première Partie.

SECONDE PARTIE.

MANUEL

D'AGRICULTURE

POUR

LE PROPRIÉTAIRE,

MANUEL D'AGRICULTURE,
POUR
LE PROPRIÉTAIRE.

INTRODUCTION.

LEs Laboureurs & les Fermiers, quoique tenants toutes nos terres, ne font pas les feuls qui en occafionnent le délâbrement par leurs routines. Les Propriétaires leur portent encore un préjudice au moins auffi confidérable par leur négligence.

Ayant été établi que la feconde caufe du délâbrement des terres provenoit du défaut de prairies : on va prouver que leurs établissemens ne peuvent concerner que les Propriétaires, & nullement les Fermiers.

Ainsi il s'agit de faire voir :

1°. Que le défaut de prairies ne peut être réparé que par les Propriétaires.

2°. Comment ils doivent s'y prendre pour y parvenir, sans avoir la peine de faire valoir par eux-mêmes.

3°. Ce qu'ils doivent faire encore après l'établissement de Prairies.

4°. Comment ils doivent estimer leurs terres, pour les louer d'une façon équitable.

5°. Ce qu'il leur en coûteroit pour faire faire une prairie.

6°. Quelles sont les attentions qu'ils doivent encore avoir sur leur corps de Ferme.

7°. Ce qu'ils doivent sçavoir de l'Agriculture.

CHAPITRE PREMIER.

Le défaut de Prairies ne peut être réparé que par les Propriétaires.

QUOIQU'ON puisse facilement suppléer au défaut de prairies, en faisant usage des plantes de sainfoin, de luzerne, de trefle, &c. que l'Auteur de la Nature ne nous a données que dans cette vue, & pour rendre la terre également fertile par-tout, cependant on n'y pense pas, & on n'y pensera même jamais, tant qu'il ne sera pas décidé à qui il appartient d'en faire l'établissement.

Comme toutes les terres sont louées & affermées par les Propriétaires aux gens de la Campagne; & comme, par le moyen des baux qui leur en sont faits, toute notre Agriculture se trouve entre leurs mains,

on n'héfite point de mettre fur leur
compté ce défaut de prairies, & de
les accufer d'être encore les Auteurs du délâbrement qu'il occafionne.

Voilà l'idée qu'on a contre eux ;
on l'a depuis que les baux fubfiftent,
& on l'aura toujours, tant que l'on
ne fera point évidemment voir
qu'elle eft mal & injuftement fon-
dée ; on ne ceffera même de dire
que, puifque toutes les terres & les
corps de Ferme leur font abandonnés pour en faire leur profit, c'eft
à eux à mettre en œuvre tous les
moyens qui peuvent contribuer à
les augmenter; enfin on eft généralement dans la perfuafion que ,
quand un corps de Ferme eft loué,
& quand le bail en eft paffé, il n'eft
plus queftion de s'en occuper.

Il faut qu'on faffe bien peu de cas

de l'Agriculture, pour que, depuis que les baux fubfiftent, on n'ait pas encore fait attention qu'il doit en être de ces baux, comme de ceux qui font faits pour louer des maifons ou autres héritages.

Quoique les avantages qui réfultent des augmentations qu'on peut faire dans ceux-ci, foient bien moins confidérables que ceux qui peuvent provenir de celles qu'on aura faites dans un corps de Ferme ; quoique les dépenfes excédent de beaucoup celles qu'on peut y faire, & quoiqu'on foit même obligé quelquefois de les répéter, cela n'empêche pas qu'on ait toujours été beaucoup plus attentif & beaucoup plus inftruit pour les baux des maifons.

On ne manque pas d'y diftinguer ce qui eft à la charge du Locataire, d'avec ce qui eft à la charge du

Propriétaire ; &, fans même que cela foit exprimé, on fçait que c'eft à celui-ci de faire dans la maifon, qu'il donne à bail, les améliorations & augmentations néceffaires pour parvenir à la louer davantage, & même pour l'entrenir dans fa location ordinaire, & que c'eft à lui de la réparer quand elle en a befoin.

On fçait qu'il doit avoir l'attention de voir ou de s'informer fi fa maifon eft fuffifamment garnie de meubles pour la fûreté de fes loyers.

On fçait encore que le Locataire n'eft tenu de fon côté que de la maintenir, l'entretenir & la rendre, à la fin de fon bail, comme il l'a reçue.

Pourquoi ne pas reconnoître & admettre la même diftinction dans les baux qui font faits pour louer les corps de Ferme, comme dans ceux qui

qui font faits pour louer les maifons?

Pourquoi n'avoir pas les mêmes attentions pour fçavoir fi un corps de Ferme eft monté comme il doit l'être , non-feulement pour la fûreté du prix du bail , mais pour l'exécution de ce qu'il convient de faire, à l'effet de le bien faire valoir ?

Tout cela eft cependant fi clair & fi évident, qu'il n'eft pas poffible de n'en pas convenir.

Bien plus , comment les établiffemens de prairies pourroient-ils être à la charge du Fermier ? Puifque, s'il fe déterminoit à les faire, il n'en jouiroit pas, ou plutôt il ne pourroit commencer à en jouir que lorfqu'il fe verroit à la veille de voir expirer fon bail, s'il n'étoit que de fix à neuf ans, comme on les a toujours faits jufqu'à

B b

préfent ; & puifque, ne pouvant les faire qu'au fur & à mefure de l'augmentation des pailles, cela demande plufieurs années, ainfi qu'on l'a fait voir ; d'ailleurs, feroit-il affuré qu'on lui continueroit & qu'on lui renouvelleroit fon bail, quand fa prairie feroit faite ?

Quand même actuellement on le lui prolongeroit jufqu'à vingt-fept ans, fuivant la nouvelle Déclaration du Roi, cela ne déchargeroit pas le Propriétaire de fes obligations ; puifque, fuppofant qu'il n'y feroit pas fait mention d'établiffemens de prairies, le Fermier ne feroit pas plus obligé d'en faire.

Mais, dira-t-on, pour qu'un Propriétaire entreprenne ces fortes d'établiffemens ; pour qu'ils foient bien faits, il faut qu'il prenne le parti de faire valoir par lui-même fon corps de Ferme ; autrement, comment le pourroit-il ?

Quand une maison est louée, celui qui en est le Propriétaire, pense-t-il qu'il ne peut la réparer, la rétablir, y faire des améliorations & augmentations, qu'il ne la reprenne & qu'il ne l'occupe ?

Ne peut-il pas les faire faire par un Entrepreneur ? &, quand un corps de Ferme est loué, le Propriétaire ne peut-il pas en agir de même, en se servant de son Fermier ?

Toutes les réparations & améliorations qu'on peut faire dans les corps de Ferme ne pouvant donc que regarder les Propriétaires, il est évident que ce ne sera que par eux qu'on parviendra à bien rétablir l'Agriculture, soit en France, soit ailleurs, & que leur concours, avec leurs Fermiers, est absolument nécessaire.

Qui que ce foit, jufqu'à préfent, n'ayant parlé de ce concours, puifqu'aucun Auteur qui ait traité de l'Agriculture, n'en a jamais fait la moindre mention, à l'exception de celui des *Prairies artificielles*, qui a commencé à en donner la première idée, il n'eft pas encore moins évident que ce concours ne foit une découverte de la plus grande importance pour le rétabliffement de l'Agriculture, & qu'elle ne mérite autant d'attention que celle qu'on vient de faire de la méthode qui réfulte de toutes les Pratiques locales.

Au moyen de l'explication qu'on en donne pour retirer nos Laboureurs de leurs routines, au moyen encore de l'obligation dans laquelle on fait voir que font tous les Propriétaires de remédier au défaut des prairies, rien ne fera fi aifé actuellement, que de retirer notre Agriculture du pitoyable état dans lequel elle eſt.

On peut bien dire que ces deux moyens ſont uniques pour y parvenir; qu'il n'y en a pas d'autres quoiqu'on ne les ait pas encore annoncés; & que, tant qu'on ne les employera pas, notre Agriculture reſtera toujours comme elle eſt.

Ainſi, après avoir inſtruit nos Laboureurs & Fermiers, il s'agit préſentement d'apprendre à tous les Propriétaires ce qu'ils doivent faire pour augmenter conſidérablement le revenu de leurs corps de Ferme, juſqu'à le doubler & le tripler, en quelque Pays & Canton qu'ils puiſſent être ſitués, ſans ſe donner la peine de les faire valoir par eux-mêmes, & en ne dépenſant preſque rien.

CHAPITRE II.

Comment les Propriétaires doivent s'y prendre pour faire faire des établissemens de Prairies.

ON ne peut mieux faire que de proposer aux Propriétaires de corps de Ferme, de se modéler sur ce que font les Propriétaires de Maisons.

Quand il s'agit de faire à celles-ci des améliorations, des augmentations & de grosses réparations, soit pour en entretenir la location, soit pour l'augmenter, le Propriétaire fait un marché avec un Entrepreneur.

Dans ce marché, il est stipulé tout ce qu'il faut faire, sans pouvoir l'excéder ; on y convient du tems qu'on mettra à l'exécution, ainsi que des termes pour le payement de la somme sur laquelle on est d'accord ; &, pour la folidité de l'entreprife, on convient des matériaux qui feront employés.

Un Propriétaire, pour n'être pas la dupe de ces fortes de marchés, ne manque pas ordinairement de fe mettre au fait fur bien des chofes qui y ont rapport, & de s'informer principalement du prix & de la qualité des différens matériaux qu'on doit employer.

Sans être Architecte, voilà en général, de la part d'un Propriétaire, les précautions qu'on eft en ufage de prendre, quand il eft queftion de réparer une maifon qui eft délâbrée, & qui menace ruine, ou quand il eft queftion d'en maintenir les loyers.

De même, pour faire dans un corps de Ferme des établiffemens de prairies qui doivent être regardés comme des améliorations & réparations qui intéreffent le fond des terres qui peuvent le compofer, le Propriétaire, fans être Agriculteur, en fe mettant feulement au fait de tout ce qui peut concerner l'exécution de ces fortes d'établiffemens, fe fervira de fon Fermier comme d'un Entrepreneur, en faifant avec lui un bail qui doit être regardé comme une autre forte de marché.

Dans ce bail, après les conditions ordinaires, il feroit ftipulé, au fujet de l'établiffement de prairies : par exemple :

Qu'il ne confiftera exaĉtement que dans un huitiéme des terres qui compofent le corps de Ferme dont il eft queftion ; qu'il ne l'excédera pas, pour les raifons qu'on en a données ci-deffus, & que cet établiffement fera également fait fur les trois foles qui le partagent.

Qu'il ne sera exécuté, ainsi que l'augmentation des bestiaux, qu'au fur & à mesure que les pailles augmenteront.

Que, pour cet établissement, on employera les plantes dont on sera convenu, & qui seront les plus propres aux terreins du corps de Ferme.

Sur ces Articles, ainsi qu'au sujet de la façon de renouveller & d'entretenir toujours l'établissement de prairies, le Propriétaire, pour s'en bien instruire, aura recours à ce qui en a été dit ci-dessus dans le Chapitre *des Engrais, Articles III & IV.* Il lira aussi la seconde Partie du *Traité des Prairies artificielles*, pour se bien mettre au fait de la culture qu'il convient de faire donner à ces plantes.

Il sera encore stipulé dans ce bail que le terrein sur lequel se fera l'établissement de la prairie, sera foncé, autant qu'il sera possible, pour le mieux faire réussir, & pour le faire durer plus long-tems.

Il faut sçavoir à ce sujet (& il est essentiel qu'un Propriétaire y fasse attention, & qu'il la fasse faire à son Fermier,) que les terres qu'on veut mettre en prairies artificielles, doivent être foncées bien autrement que celles où l'on seme les bleds & les grains qui sont employés dans l'A-griculture.

Ces grains & ces bleds n'étant que des *Plantes annuelles*, c'est-à-dire, qui ne durent qu'environ neuf à dix mois, & même que quatre à cinq ; leurs racines ne pivottant tout au plus qu'à raison de trois à quatre pouces, & s'étendant plutôt horizontalement le long de la superficie de la terre, ils n'exigent qu'environ quatre à cinq pouces de labour pour bien produire.

Il n'en eſt pas ainſi des plantes dont on ſe ſert pour faire des prairies, qu'on appelle *Plantes vivaces*, parcequ'elles durent pluſieurs années.

Quand on les employe, il faut néceſſairement foncer le terrein autant qu'il peut le permettre, ſans cependant le déterriorer ; ce qui arriveroit ſi, en le labourant trop avant, c'eſt-à-dire au-delà de ſon premier lit qui compoſe la ſuperfi-cie, & qui a plus ou moins d'épaiſſeur, on ramenoit de ſon ſecond lit du tuf, qui eſt ou crayon, ou gravier, ou ſable, &c. ce à quoi il faut bien prendre garde ; & c'eſt pour l'éviter que, dans le Chapitre *des Labours*, on a parlé des différens lits que la terre peut avoir.

C'eſt pourquoi, pour ces ſortes de plantes, le Propriétaire aura l'attention de ſtipuler expreſſément dans ſon bail, que le Fermier prendra par préférence les terres qui auront le plus de fond ; quand même elles ſeroient les meilleures de la Ferme, on s'en trouveroit bien dédommagé dans la ſuite ; leurs racines étant fortes & profondes, elles ne peuvent profiter qu'autant qu'elles trouvent à pivotter, tandis que celles des bleds aiment plutôt à s'étendre horizontalement.

Pour donc bien foncer un terrein qu'on veut mettre en prairies, juſqu'à même un pied de profondeur, ſi cela ſe peut, puiſque cela vaudroit encore mieux, on exécutera les façons de Labours dont il faut ſe ſervir, quand on veut renouveller un terrein par le travail de la charrue : elles ſont détaillées ci-deſſus dans le *Manuel du Laboureur*, Cha-

pitre *des Labours, Art. III*; on choi-
fira celle qu'on jugera la plus convenable à fon terrein.

C'eft ainfi que le Propriétaire re-
commandera à fon Fermier d'en agir
à l'égard de la Luzerne & du Trefile,
qui veulent des terreins qui ayent
du fond, & qui foient encore de la
meilleure qualité.

Il n'en eft pas abfolument de même à l'égard du fain-foin ; il exige
auffi à la vérité beaucoup de fond
de terre ; mais la qualité lui importe
fi peu qu'il réuffit fur tout terrein ,
foit qu'il foit graveleux , crayonneux , foit qu'il foit fablonneux,
en le fuppofant cependant un peu
mêlangé de terre.

Choififfant donc dans un corps
de Fermè un terrein crayonneux
qui s'y rencontrera , & dont la fuperficie n'a prefque point de terre,

voici comment il convient qu'un Fermier s'y prenne pour le labourer jusqu'à huit à neuf pouces de fond, si cela se peut, sans s'embarasser si on ne raméne que du crayon & des pierres de cette espéce.

Vers la Saint Martin, où tous les ouvrages de la Campagne sont généralement finis, tems ordinaiment pluvieux & parconséquent très-commode pour labourer ces sortes de mauvais terreins, qui ne travaillent jamais si facilement que quand ils sont bien imbibés, on commencera par donner un labour de trois à quatre pouces & même plus avant, si cela se peut, bien entendu qu'on doublera les forces du tirage ordinaire, & qu'au lieu de deux à trois chevaux ou bœufs, on en employera jusqu'à six ; on aura encore l'attention de se munir d'une bonne & forte charrue.

Quand le premier fillon fera fait on y rentrera en changeant l'oreille de la charrue de droit à gauche, & on enlevera encore tout ce qu'on pourra pour tâcher de foncer davantage.

On en agira de même à chaque fillon, jufqu'à ce que la piéce de terre foit entierement finie, fans s'embaraffer fi on ne raméne que des pierres de craye.

On la laiffera ainfi pendant tout l'hyver, pour que les pluyes, les brouillards, les neiges, les gelées, les dégels la pénétrent bien; il en réfultera qu'une bonne partie de ce qu'on aura retourné fondra & s'ameublira, fi on a l'attention, à chaque dégel qui arrivera, de herfer plufieurs fois cette piéce de terre.

Il convient cependant d'obferver que, fi la première année qu'on feroit ce travail, on ne pouvoit pas foncer davantage , lorfqu'on ren-treroit dans le même fillon qu'on au-roit déja fait, on fe contenteroit du premier labour qu'on auroit donné , pour remettre le fecond à l'année fuivante ; parceque , pour lors, les pluyes ayant pu pénétrer davantage ce mauvais terrein , il feroit beau-coup plus fufceptible de recevoir ce fecond labour qui pourroit le fon-cer autant qu'on le defireroit.

En ce cas, jufqu'à ce qu'on y fé-me du fain-foin , & en attendant l'année fuivante, on fe contenteroit d'y mettre un farrazin qui ne pour-roit manquer de réuffir , après l'a-voir bien labouré & retourné deux à trois fois au printems avant que de l'enfemencer.

Suppofant donc que ce terrein crayonneux auroit pû être bien dif-

pofé

posé en un hyver , & qu'il auroit encore été bien labouré deux à trois fois au printems suivant , il seroit ensemencé en sain-foin vers la fin d'Avril.

On peut compter qu'ayant ainsi reçu un bon labour de huit à neuf pouces, le sain-foin ne manqueroit pas d'y réussir , & aussi-bien que dans les meilleures terres ; parceque sa racine, qui ne cherche qu'à pivoter le pouvant pour lors , y trouveroit toujours assez d'humidité à mesure qu'elle perceroit & pénétreroit, ce qui lui suffiroit pour exciter & entretenir sa végétation, si peu de terre qu'elle rencontreroit au milieu des petites pierres de craye qui y seroient encore.

L'expérience en a été faite dans la Champagne avec les plus heureux succès par M. Petit, Officier du

Cc

Roi, qui demeure à Bignicour., &
qui y fait valoir par lui-même son
propre Domaine ; elle l'a encore été
également, par le sieur Guillaume,
Laboureur-Fermier , demeurant à
Pomacle ; ces deux villages sont situés
au milieu des plaines les plus séches
& les plus stériles de cette Province.

L'exemple de ces deux hommes,
qui ont entrepris une chose à laquelle
personne n'avoit jamais pensé avant
eux, & qui les rend par conséquent
si précieux à l'Etat, suffiroit pour
rendre la Champagne également
fertile & peuplée par-tout, si les établissemens de prairies, qu'on entre-
prendroit d'y faire, étoient appuyés
d'une Ordonnance du Roi, qui défendît à tout Berger d'y laisser entrer, en tout tems, leur bétail blanc :
on en a déja parlé ci-dessus dans la
Section *des Engrais*, pour faire voir

la néceſſité indiſpenſable de cette ſage Ordonnance.

On doit concevoir que ce double labour, dont on vient de parler pour les terreins crayonneux, ſe feroit avec bien plus de facilité dans ceux qui ſont graveleux, tuffiers, ou ſablonneux, en ſuppoſant dans ceux-ci un peu de mêlange de terre pour la réuſſite du ſain-foin, puiſqu'autrement il ſeroit inutile de l'y tenter pour les raiſons qu'on a déja données de leur ſtérilité.

Après que le ſain-foin auroit réuſſi & fait ſon tems dans ces ſortes de mauvais terreins, qui ſont plus ſouvent incultes qu'autrement, on les deſſavarderoit, pour commencer à y mettre un orge, ou une avoine, ou un ſarrazin, enſuite on pourroit les mettre en froment, pourvû qu'on ne manquât pas de les amander convenablement.

Quand ce ne feroit qu'en fégle, on y gagneroit encore beaucoup.

Qu'on réfléchiſſe ſur cette façon de tirer partie d'un terrein crayonneux, & des autres ſortes de mauvais terreins, on concevra qu'on peut par-tout, en ſe ſervant de la plante de ſain-foin, faire des établiſſemens de prairies, & qu'on peut, par-tout, au moyen de cette plante, parvenir à bonifier les plus mauvaiſes terres.

Ainſi, ſi, dans la Ferme qu'il eſt queſtion de donner à bail pour y faire faire un établiſſement de prairies, il s'y trouve quelques-uns de ces mauvais terreins, il y feroit énoncé qu'ils feroient employés en ſain-foins, en leur donnant la culture qu'on vient de détailler.

On ne ſçauroit trop faire l'éloge de cette plante qui, quoiqu'elle ne fourniſſe pas autant que la luzerne, lui est cependant préférable à tous égards, parcequ'elle peut réussir dans toutes sortes de terreins, & parceque, soit en foin, soit en verd, elle n'incommode point les bestiaux & les chevaux de travail.

Mais il faut la semer très-drû, pour que ses tiges ne viennent point trop grosses ni trop dures, & pour que ses feuilles soient plus fines & plus tendres ; autrement les bestiaux ne s'en soucieroient pas, lorsqu'elle seroit en foin : il faut en user de même, pour la même raison, à l'égard de toutes les autres plantes dont on se sert pour faire des prairies.

Qu'on fasse attention que ce qui rend le foin des prés naturels, préférable à toute autre sorte de foin, c'est que l'herbe des prés est toujours extrêmement fine & tendre.

Il vaut donc mieux imiter la Nature que de se rendre aux insinuations de ces nouveaux Auteurs qui veulent qu'on séme le sain-foin par rangées & par espaces ; ce qui ne peut qu'en faire venir les tiges extrêmement grosses & dures.

C'est pourquoi, dans le bail dont il est question, il y seroit expressement marqué que dans ces mauvais terreins il sera au moins employé par arpent jusqu'à dix-huit boisseaux de semence de sain-foins, mesure de Paris, tandis que dans les terreins ordinaires & même les meilleurs, il n'y seroit question que de seize.

Il y seroit encore dit, qu'à l'égard de la luzerne & du treffle, qu'on ne hazarderoit point dans ces mauvais terreins, on en sémeroit par arpent vingt à vingt-cinq livres pesant dans les bons, & dans ce qui seroit jugé pouvoir leur être propre.

Il convient beaucoup mieux assurément que toutes ces graines ne soient
point semées suivant la Méthode de
M. Thull, mais suivant l'usage ordinaire de la Campagne, c'est-à-dire,
à la poignée , parceque *cette Méthode n'est réellement bonne* (comme l'a déja dit l'Auteur des *Prairies
artificielles* ,) *que pour contenter la
curiosité de ceux qui veulent voir jusqu'où peut s'étendre & grossir une plante , quand elle est espacée.*

On se récrie si fort contre les pailles
qui proviennent des froments semés
suivant cette Méthode , parcequ'elles sont si grosses & si dures que les
chevaux ne s'en soucient pas , qu'il
est étonnant qu'on s'entête encore
de vouloir la soutenir.

En continuant de donner des instructions aux Propriétaires sur tout

ce qui peut les mettre en état de réuſſir dans leurs établiſſemens de prairies, il convient d'ajouter qu'il ne faut pas qu'ils s'imaginent que leurs Fermiers y contribueront en rien ; quand même ils y trouveroient quelques profits, ils ne ſe prêteront à les faire, & à les bien exécuter qu'autant que les Propriétaires feront toutes les avances néceſſaires, & qu'ils les dédommageront des terres qui y ſeront employées & ſur tout ce qui pourroit leur porter préjudice d'ailleurs.

Ainſi il ſera encore énoncé dans ce bail, que le Propriétaire livrera à ſon Fermier la quantité de ſemences, dont il aura beſoin, pour enſemencer la première portion qu'il s'agira de mettre en prairie, ſauf à y inſérer qu'elle lui ſera rendue dans le courant dudit bail ; parceque, comme cette prairie ne fe fera qu'en plufieurs années par égales portions, la première ayant donné affez de femences pour femer la feconde, & celle-ci, pouvant en donner plus qu'il n'en faut avec la précédente, pour continuer, ainfi des autres, on fe trouvera en état en trois ou quatre ans, de reprendre les premières femences que le Propriétaire aura livrées.

Quant aux terres qu'il faudra employer à l'établiffement des prairies, qui ne pourra excéder le huitiéme de ce qui peut en compofer la Ferme, le Propriétaire en tiendra compte à fon Fermier au fur & à mefure qu'on en prendra, à raifon d'un feptier de froment du poids de cent foixante livres par arpent, fi la Ferme ne produit que du froment, & d'un feptier de fégle à la même mefure, auffi par arpent, si la Ferme ne produit que du ségle, n'étant ici question que des terres sans prairies, qui, tous frais faits, & toutes charges & impôts acquittés, ne peuvent rapporter, année commune, qu'un septier par an, quoiqu'elles produisent tous les ans environ cinq pour un, conformément à l'estimation générale qui en a été faite ci-dessus dans les *Articles préliminaires*, qu'on ne peut contester.

Il est vrai que cette dépense occasionnera une déduction assez considérable sur le prix du bail ; mais, étant faite, il ne sera plus question d'y revenir, ayant l'attention d'entretenir toujours & de renouveller la prairie, quand il en sera besoin, à la différence des réparations de maisons qu'il faut souvent répéter, & avec beaucoup plus de dépenses qu'il n'en est question ici, avec cette grande différence encore, qu'on retirera bien au-delà de cent pour cent de la dépense qu'on aura faite pour un bon établissement de prairies, comme on le verra ci-après.

Le Propriétaire tiendra encore compte à son Fermier des veaux & agneaux qu'il l'obligera de garder, pour l'augmentation des bestiaux, à raison de la prairie, & à raison des pailles ; il lui en tiendra compte suivant l'estimation dont il sera convenu dans le bail ; bien entendu que, si le Fermier quitte après l'expiration de son bail, il ne pourra emmener les bestiaux que son Propriétaire lui aura ainsi payés, & qui lui appartiendront.

Enfin, le Propriétaire tiendra compte à son Fermier des labours extraordinaires qu'il faudra donner aux terres qu'on mettra en prairies, puiſqu'il eſt indiſpenſable de les foncer autrement que celles qu'on met en bleds, & il lui en tiendra compte à raiſon du prix du lieu par arpent ; bien entendu encore que, dans l'eſtimation dont on conviendroit, le Fermier déduira les labours qu'il auroit été obligé de donner, s'il avoit été queſtion de les mettre en bleds.

Ainſi, pour réſumer en peu de mots les clauſes & conditions qu'on inſerera dans un bail de neuf ans, qu'il eſt plus à propos de préférer à un bail de ſix ans quand il s'agit de faire faire un établiſſement de prairies, il y ſera ſtipulé :

1°. Qu'il ne s'agira que de prendre un huitiéme des terres qui compoſent la Ferme, & que ce huitiéme ſera également pris ſur les trois ſoles qui la diviſent ;

2°. Qu'il ne fera exécuté qu'en fix ou fept années, par égale portion, parcequ'il faut attendre les pailles par rapport aux beftiaux;

3°. Qu'on n'y employera que les plantes qui feront les plus convenables aux terreins qu'on prendra;

4°. Que les terreins feront foncés autant qu'il fera poffible de le faire;

5°. Que toutes ces plantes feront femées plutôt drû qu'autrement, & qu'on employera par arpent les quantités de femences qu'on vient de déterminer pour chaque efpéce;

6°. Que le Fermier fera dédommagé dans tout le courant de fon bail des terres qu'on employera à l'établiffement de prairies, à raifon d'un feptier par arpent, chaque année;

7°. Qu'on lui payera les veaux & agneaux que le bétail qu'il aura em-

mené dans la Ferme produira, à raifon de ce qu'ils vaudront dans le
lieu & dans le Canton ;

8°. Qu'on lui tiendra compte des
labours extraordinaires qu'il donnera pour la réuffite de la prairie ;

9°. Que, faute de l'exécution de
toutes les conventions qui concer-
nent le Fermier, le Propriétaire de
fon côté ayant tenu exactement les
fiennes, il feroit tenu à la fin du
bail envers fon Propriétaire de certains dommages & intérêts dont on
feroit convenu dans le bail.

Voilà donc ce qui peut concerner
le premier bail où il feroit queftion de l'établiffement d'une prairie.

CHAPITRE III.

Ce que le Propriétaire doit encore faire après l'établissement de la Prairie.

QUAND le premier bail de neuf ans sera expiré, pour lors la prairie se trouvera établie ; les amandemens auront été beaucoup plus forts que dans tous les baux précédens; les terres auront rendu beaucoup plus de pailles, ainsi que beaucoup plus de grains, & les bestiaux s'y trouveront en plus grande quantité. Cependant ni les bestiaux ni les pailles ne feront pas encore au point d'augmentation qu'il leur faut pour se trouver en état de pouvoir amander tous les ans la sixiéme ou la neuviéme partie des terres qui composent le corps de Ferme, n'y ayant

que cela , comme on l'a si bien établi ci-dessus, qui puisse réellement
effectuer le renouvellement de l'engrais sur sa totalité, & par conséquent le doublement & le triplement de son revenu & de sa location , qui font tout l'objet de l'établissement de la prairie.

C'est pourquoi , dans le bail suivant, qui sera encore de neuf ans ,
en laissant au Fermier les trois ou
quatre premières années pour achever l'augmentation nécessaire des
bestiaux & des pailles , il ne seroit
question après que du doublement
de la location de la Ferme pour le
continuer jusqu'à ce que ce second
bail soit expiré , en ajoutant à ce
doublement de location , le loyer
de tout ce qui se trouveroit en prairie , à raison d'un septier de froment
par arpent , si la Ferme produit du
froment

froment, & d'un feptier de fégle, fi elle ne produit que du fégle ; par-cequ'il convient qu'un Propriétaire tire parti de tout ce qui compofe fa Ferme ; & même dans les trois premières années de ce bail, il y feroit déja queftion du loyer de la prairie à raifon de cette eftimation.

Il eft bien certain que, quand on eft parvenu à pouvoir amender, tous les ans fans difcontinuation, la fixiéme ou la neuviéme partie des terres qui compofent un corps de Ferme, elles ne peuvent que doubler & tripler tous les ans en revenu : on l'a fi bien fait comprendre dans les Articles Préliminaires, qu'il n'y a point de Fermier qui ôsât en difconvenir.

Dans ce fecond bail, il y fera expreffément énoncé que le Fermier entretiendra la prairie, ce qu'il exé-

cuteroit en retournant une portion qui commenceroit à finir, pour
en établir ailleurs une pareille, dans
la même espéce de plante qu'il auroit détruite : ce qu'il ne manqueroit pas de faire, tous les ans, c'est-
à-dire quand il en seroit nécessaire
pour entretenir toujours la même
quantité de prairies.

Si, pour ce second bail, il s'agit
d'un nouveau Fermier, le Propriétaire lui remettra les bestiaux qu'il
aura achetés à son Prédécesseur, au
moyen du payement qu'il lui a fait
des veaux & agneaux que pro-
duisoit le bétail à lui appartenant,
& il aura soin que, son nouveau Fermier ait assez de bestiaux pour completter, avec ce qu'il y trouvera à
lui appartenant, le même nombre
qui se trouvoit ci-devant.

Les bestiaux, qui se trouveroient

ainſi appartenir au Propriétaire, ſeroient à celui-ci d'une grande utilité
nonſeulement pour trouver des Fermiers ſuffiſamment montés, mais
pour aider à completter le nombre
de beſtiaux néceſſaire; il n'en exigeroit même, pour toute obligation
de la part du Fermier, que de retrou-
ver ſa même quantité à la fin du bail.

Le ſecond bail expiré, il n'y aura
point à héſiter de tripler la location
du bail ſuivant; parceque les renouvellemens d'engrais commençant à
s'exécuter ſur la totalité de la Ferme, les terres qui ne rapportoient
que cinq pour un, avant l'établiſſement de la prairie, rapporteront
pour lors, au moins ſept pour un;
ce qui ſuffit pour être en état de demander trois cinquiémes en ſus du
produit total de la Ferme.

En se rappellant ce qui a été si bien détaillé à ce sujet dans les *Articles Préliminaires*, on comprendra parfaitement, que deux cinquiémes en sus au pardessus de tous les frais, impôts, &c. font un doublement de revenu, & que trois cinquiémes en sus font un triplement.

C'est tout ce qu'on peut exiger d'un bon arpent de terre, que de rapporter, année commune, environ sept pour un (le septier à raison du poids de cent soixante livres) & sur-tout de tout un corps de Ferme, qui ne peut que comprendre bien des inégalités dans les qualités de terrein qu'il peut avoir. Ainsi, dans tous les baux suivans, il ne seroit plus question d'aucune augmentation, quoique cela paroisse beaucoup plus avantageux au Fermier qu'au Propriétaire.

La bonne façon de louer, c'eſt de donner à gagner à uń Fermier, pour en être bien payé.

Dans ces trois baux de neuf ans chacun, un Propriétaire auroit la ſatisfaction de voir par lui-même les effets ſurprenans, qui réſulteroient de ſon établiſſement de prairies; puiſqu'au ſecond bail ſa Ferme commenceroit à rapporter une fois plus, & que dès le commencement du bail ſuivant, le revenu en ſeroit triplé.

Mais comme tout cela exige quelques détails & quelques attentions qui pourroient n'être pas du goût de bien des Propriétaires, ils pourront, s'ils veulent, ou plutôt s'ils le peuvent, profiter de la Déclaration du Roi, qui autoriſe de prolonger les baux de corps de Ferme juſqu'à vingt-sept ans, à condition d'améliorations, &c,

En ce cas, en donnant sa Ferme à un prix raisonnable, il ne s'agira, les douze premières années de ce bail, que de charger le Fermier de l'établissement de la prairie, de l'augmentation des bestiaux, & de mettre le tout en état de parvenir à en amender tous les ans la sixiéme ou la neuviéme partie, sans qu'il soit question d'aucune augmentation pendant tout ce tems, & il ne s'agiroit d'en doubler & tripler la location que conformément aux tems qu'on a observés dans les baux de neuf ans.

Cela seroit plus commode pour un Propriétaire, de donner ainsi à long bail sa Ferme : mais s'il ne trouvoit pas de Fermier, ou plutôt

s'il n'en trouvoit que de très-diffi-
cultueux, il n'hésiteroit pas de s'en
tenir à ne faire que des baux de neuf
ans pour faire faire par lui-même
son établissement de prairie qui lui
coûteroit si peu.

CHAPITRE IV.

Ce qu'un Propriétaire doit sçavoir pour donner une juste estimation à la location de sa Ferme.

QUOIQU'ON puisse ainsi doubler & tripler la location d'un corps de Ferme, qui aura été rétabli & remis en bonne valeur, cela doit nécessairement supposer qu'auparavant il étoit loué raisonnablement, puisqu'autrement, on tomberoit dans un prix qui excéderoit toujours celui de la Ferme; c'est ce qu'il faut éviter, pour trouver facilement de bons Fermiers. Il faut donc qu'un Propriétaire se mette au fait de la juste évaluation qu'il convient de donner à son corps de Ferme, en quelque situation qu'il puisse être ;.

c'eſt-à-dire, ſoit qu'il ſe trouve en bonne valeur , ſoit qu'il n'y ſoit point , pour pouvoir en tirer une location qu'on ſoit en état de lui payer.

On peut dire qu'aujourd'hui les Propriétaires louent leurs Fermes ſans en connoître la valeur, & ſans ſçavoir quels en ſont les frais , les charges & les impôts, avant de pouvoir en tirer un produit net ; tout ce qui les guide, ſont d'anciens baux qui ne ſervent au contraire qu'à les tromper, puiſque les impôts & charges d'Etat , dont ſont actuellement chargés leurs corps de Ferme, ſont bien différens de ce qu'ils étoient anciennement. Quand on diroit qu'ils ſont doublés, triplés, & même plus, on ne diroit rien de trop.

Faute d'y faire attention, on veut louer le même prix ; on veut même l'augmenter, & cependant on trouve des Fermiers, parcequ'ils n'y font pas auffi plus d'attention, ne cherchant, en louant ou en relouant, qu'à vivre, à occuper une famille & à s'occuper eux-mêmes, fans s'embarraffer de ce qu'il en arrivera.

C'eft ce qui occafionne la grande mifère du Royaume, dont on fe plaint préfentement avec raifon, les Fermiers, ne pouvant que s'acquitter des impôts dont leurs Fermes font chargées, ne payent point leurs Propriétaires ; & ceux-ci n'étant point payés, ou ne l'étant que très-mal, font fort embarraffés de leur côté d'acquitter les impôts dont ils font chargés.

Il eft bien certain que c'eft la même terre qui doit payer les impôts du Fermier comme ceux du Propriétaire.

C'eft pourquoi, avant de fçavoir ce qu'il peut refter au Fermier, il faut néceffairement commencer par prélever non-feulement les frais de geftion, mais encore les impôts dont il eft chargé, comme Taille, Capitation, frais de Milice, en n'oubliant pas d'y comprendre ceux de Corvées.

On a démontré dans l'*Article III des Préliminaires* de ce *Manuel*, par un détail qu'on ne peut contefter, que fur toutes les terres du Royaume, qui font cultivées & qu'on fait valoir, foit qu'elles foient bonnes, foit qu'elles foient médiocres, il faut néceffairement y prélever quatre feptiers de bleds par arpent, pour acquitter tous les frais & impôts dont les Fermiers font chargés, avant qu'il foit queftion de penfer à payer le Propriétaire.

On a établi dans ce même *Article*, que généralement toutes les terres du Royaume, qui sont sans prairies, ne rapportent tout au plus que cinq pour un.

Il n'est pas moins vrai que la plus forte évaluation qu'on puisse donner aux meilleures terres du Royaume, qui sont en si petite quantité en comparaison des autres, c'est de rapporter, (tous les frais & impôts ci-dessus acquittés) trois septiers par arpent, c'est-à-dire de produire à raison de sept pour un.

On sçait bien qu'un bon arpent de terre peut rapporter plus de sept pour un ; il peut même aller jusqu'à dix ; mais ce ne sera pas tous les ans, parceque, quoique les années se suivent, elles ne se ressemblent pas toujours ; d'ailleurs dans un corps de Ferme qui en contient une certaine quantité, il ne faut pas croire qu'ils rapportent tous également : ainsi, en mettant les meilleures terres les unes dans les autres, année commune, à raison de sept pour un par arpent, c'est la plus juste valeur qu'on puisse leur donner à toutes en général.

Un fait qui est encore très-vrai, & qu'on ne peut aussi contester, c'est qu'il y a bien des terres dans le Royaume, indépendamment de celles qui ne rapportent que cinq pour un, qui, quoique cultivées & affermées, ne rapportent rien aujourd'hui ; c'est-à-dire qu'elles ne rapportent tout au plus que trois à quatre pour un, à cause des susdits frais, impôts & corvées ; aussi sont-elles presque abandonnées ; cependant les Propriétaires ne sont pas moins tenus d'en acquitter les vingtiémes &

autres charges, comme entretien, réparations, &c.

Les Propriétaires ne pouvant donc tabler que fur ces différentes eftimations, & que fe régler en conféquence, pour bien déterminer la jufte valeur qu'ils doivent donner aux locations de leur corps de Ferme, après s'être bien informés de la qualité des terres qui peuvent les compofer, fi elles ne rapportent qu'à raifon de cinq pour un, parcequ'elles font fans prairies, ils n'héfiteront pas de ne les louer qu'à raifon d'un feptier l'arpent, attendu qu'il en faut néceffairement prélever quatre pour acquitter tous les frais & impôts dont elles font chargées. Ce fera pour eux la meilleure façon d'en agir avec leurs Fermiers, puifqu'au lieu de n'en avoir rien, ils tireront du moins quelque chofe.

Si au contraire leurs corps de Ferme font fitués dans les meilleurs Cantons, foit parceque la Nature y a établi des prairies & des beftiaux en fuffifante quantité, foit par rapport à leur heureufe pofition, ils pourront les louer à raifon de trois feptiers l'arpent, parcequ'elles rapporteront fept pour un ; &, dans le cas que, fuivant l'eftimation qu'ils en feroient faire, & dont ils feroient affurés, elles ne rapportaffent que fix pour un, ils ne loueroient qu'à raifon de deux feptiers l'arpent.

Mais·fi leurs terres fe trouvoient dans ces malheureux Pays & Cantons qui font fans prairies & qui ne rapportent qu'à peine de quoi payer & acquitter les frais, charges & impôts auxquels ils font affujettis, fans pouvoir en rien tirer pour eux, & fans être payés des locations qu'ils en ont faites, ils cesseront d'en rien exiger, & ils les regarderont comme des maisons détruites & fondues, dont on ne peut tirer aucuns loyers, à moins qu'elles ne soient reconstruites.

Ainsi ils n'hésiteroient pas d'y faire établir des prairies & des bestiaux, dans l'exacte proportion qu'on a donnée ci-dessus, en se servant de leur Fermier ; ils attendroient, pour commencer à les louer qu'elles rapportassent cinq pour un ; ce ne seroit donc qu'un septier par arpent qu'ils en exigeroient d'abord ; ensuite quand les engrais deviendroient assez forts pour pouvoir en amender tous les ans la sixiéme ou la neuviéme partie, pour lors ils pourroient en doubler la location à raison de six pour un, & à la fin ils parviendroient, comme on

l'a

l'a fait voir ci-deſſus, à pouvoir la tripler; en mettant l'arpent à ſept pour un; ils pourroient compter qu'ils ſeroient dédommagés au cen-tuple, & bien au-delà de la dépenſe qu'ils auroient pu faire.

Tous les Propriétaires prenant ainſi le parti de louer auſſi raiſonna-blement à cauſe de tous les impôts, charges & corvées dont on vient de parler, tout ſe rétabliroit dans le Royaume; les Fermiers ſe voyant en état de payer toutes leurs redevan-ces & toutes leurs charges, s'acquit-teroient d'autant plus volontiers des établiſſemens de prairies qu'on leur feroit faire, qu'ils verroient leurs profits augmenter de jour en jour par les augmentations d'engrais dont ils profiteroient; & les Propriétaires ſe verroient bien plus en état d'ac-quitter les impôts & charges aux-

Ee

quels ils font eux-mêmes affujettis ;
puifqu'ils feroient plus exactement
payés de leurs Fermiers.

Il réfulteroit même de cette jufte
évaluation de toutes les terres que
les Fermiers n'héfiteroient pas de
doubler & de tripler leur location ,
lorfqu'ils verroient que les renouvellemens d'engrais pourroient exactement fe faire fur toute la contenance de leur corps de Ferme, &
ils n'héfiteroient plus, foit qu'il fût
queftion de baux de neuf ans , foit
qu'il fût queftion de les prolonger
jufqu'à vingt-fept ans.

Cependant on ne prétend pas déranger tant les baux qui fubfiftent ,
que les fauffes eftimations qui ont
pu être faites.

En laiffant le tout fur le même
pied , & attendant qu'on ait à renouveller le bail, on ne reloueroit pour

lors qu'à raison de cinq pour un.

Ensuite, quand on verroit que les terres commenceroient à rapporter le double, c'est-à-dire, qu'au lieu de cinq pour un, elles commence-roient à rapporter six pour un, & quand on verroit qu'elles rapporte-roient sept pour un, c'est-à-dire le triple, on ne doubleroit & ne tri-pleroit les nouveaux baux que l'on feroit qu'à raison de la juste éva-luation qu'on leur auroit donnée d'abord ; enforte que tout revien-droit à sa juste valeur, & qu'il ne feroit plus question de misère dans les Campagnes.

On ne manquera pas d'objecter que dans cette estimation, qu'on fait des terres, toute juste & toute équi-table qu'elle paroisse, on n'y déter-mine rien pour le profit du Fermier qui doit être payé de ses peines.

E e ij

On répond que quand une estimation est aussi juste & aussi raisonnable, on met un Fermier bien à son aise, & que, pour peu qu'il soit entendu, il trouvera toujours à se tirer d'affaire : d'ailleurs ne lui reste-t-il pas sa basse-cour, sur laquelle on ne prend rien, & qui peut lui valoir beaucoup ? En un mot l'estimation qu'on vient de donner est si raisonnable qu'on peut être assuré qu'aucun Fermier ne s'en plaindra.

CHAPITRE V.

Ce qu'il en coûteroit au Propriétaire pour faire faire une prairie dans le courant d'un bail de neuf ans.

ON a beau vanter à un Propriétaire tous les avantages qu'il retireroit d'un établiſſement de prairies, qu'il feroit faire par ſon Fermier, & on a beau lui dire qu'il ne lui en coûteroit preſque rien, qu'il n'auroit même aucune avance à faire, puiſque toute la dépenſe, qu'il y mettroit, ne conſiſteroit que dans des déductions & diminutions qu'il feroit à ſon Fermier ſur la location de ſon bail, tout cela ne feroit pas capable de le déterminer ſi on ne lui faiſoit voir bien clairement & bien nettement article par article,

E e iij

en quoi pourroit confifter cette dépenfe, & à quoi elle pourroit monter.

On eft encore aujourd'hui fi peu
au fait de ce qui concerne l'Agriculture, fur-tout depuis qu'on eft
inondé de quantité de Méthodes,
qui ne fervent au contraire qu'à l'embrouiller, qu'il n'eft pas étonnant
qu'on ne fçache quel parti prendre,
& qu'on ne foit pas plus inftruit.

Il faut efpérer que ce *Manuel* ouvrira enfin les yeux, puifqu'il n'y a
point d'autre chemin à fuivre que
celui qu'il indique.

S'agiffant donc abfolument de
faire voir, & même de démontrer
le peu qu'il en coûteroit pour cette
dépenfe qui eft fi néceffaire, on s'y
prendra de façon qu'on n'aura rien
à répliquer, quoiqu'on en ait déja
parlé à la fin du *Chapitre II* de ce

Manuel, & qu'on n'ait pas manqué d'y bien faire fentir fa modicité ; cependant on n'héfite pas de la retracer ici, pour la mettre dans une plus grande évidence.

On a établi que, pour faire faire une prairie par un Fermier, il falloit : 1°. Une certaine quantité de femence que le Propriétaire devoit avancer & payer. 2°. Qu'il falloit une augmentation de beftiaux, que le Propriétaire devoit faire à fes dépens. 3°. Qu'il falloit retirer (*a*)

(*a*) Quand on dit qu'il faut retirer un huitiéme des terres qu'on fait valoir, pour le mettre en prairies, on parle généralement, pouvant arriver que celles qui compofent la contenance d'un corps de Ferme foient prefque toutes de bonne nature & de bonne qualité, & qu'il s'y trouve un bon fond qu'on pourroit renouveller par le travail de la charrue ; en ce cas , quoique la Nature n'y ait pas établi de prairies, il ne s'agit pas d'y prendre un huitiéme pour le mettre en prairies, puifque les re-

de la Ferme qui eſt louée un huitiéme des terres qui forment ſa contenance , dont le Propriétaire ne
pouvoit ſe diſpenſer de tenir compte
à ſon Fermier dans tout le courant du bail. 4°. Qu'il devoit encore
tenir compte à ſon Fermier des labours extraordinaires, qu'il donneroit pour mieux faire réuſſir la prairie.

nouvellemens de terreins qu'on y feroit pourroient ſuppléer aux renouvellemens d'engrais;
ainſi il ne feroit queſtion que d'y faire une
prairie à proportion des amandemens qu'on y
jugeroit néceſſaires & indiſpenſables, qu'on ne
manqueroit pas de renouveller toujours & d'entretenir. On s'eſt déja expliqué ainſi dans le
Chapitre *des Engrais*, Article III. En un mot,
quand on dit qu'il faut prendre un huitiéme
pour un établiſſement de prairie, c'eſt qu'il
y a plus de terres qui ſont dans ce cas qu'autrement ; ce qui n'empêche pas qu'on ne puiſſe
en prendre moins , ſuivant les qualités que
peut avoir le terrein qu'on fait valoir.

Voilà donc en quoi peuvent conſiſter tous les articles de dépenſe.

Le premier ne coûtera rien au Propriétaire ; parce que , comme on l'a déja dit, il pourra ſe faire rendre , dans le courant du bail , toutes les ſemences qu'il auroit avancées ; il n'y a point de conteſtation à faire ſur cet article , & on ne peut en douter.

La dépenſe du ſecond eſt bien peu de choſe , on ne ſçait même à quoi l'apprétier , puiſqu'il ne s'agit que d'acheter les veaux & agneaux qui proviendroient des beſtiaux que le Fermier auroit mis dans la Ferme en y entrant ; & puiſqu'ils appartiendroient aux Propriétaires pour y reſter & pour aider par la ſuite à monter ſes Fermiers , quand il en changeroit, il n'auroit aucune avance à faire , le montant de ces veaux

& agneaux pouvant se déduire sur la redevance du Fermier.

D'ailleurs les veaux & agneaux, que les Propriétaires retiendroient, se multiplieroient par la suite, de façon qu'ils se trouveroient bien dédommagés de l'achat qu'ils en auroient fait, par la vente qu'ils pourroient faire du surplus qui en proviendroit, quand ce ne seroit que pour retirer l'argent qu'ils y auroient mis.

Le troisiéme article est plus sérieux, puisqu'il s'agit de tenir compte au Fermier des terres qu'on employeroit à la prairie, au fur & à mesure qu'on en prendroit.

Quoiqu'on ne pourroit pas excéder le huitiéme de la contenance d'un corps de Ferme, comme on ne peut moins faire, que de priser l'arpent à raison d'un septier par an en fro-

ment, ſi la Ferme rapporte du froment, & en ſégle ſi elle ne rapporte que du ſégle; il y auroit autant de ſeptiers à déduire tous les
ans ſur la redevance du Fermier,
qu'il y auroit d'arpens en prairies.

Dans une Ferme, par exemple,
qui ſeroit de trois cents arpens, le
huitiéme en faiſant environ trente-
ſix à quarante, ce ſeroit autant de
ſeptiers dont il faudroit tenir compte
à un Fermier dans le courant de ſon
bail.

Mais cela ne monteroit à cette
quantité, que quand la prairie ſeroit faite; puiſque ne pouvant l'être
qu'en ſix ou ſept années, comme on
l'a déja dit, on ne compteroit les
ſeptiers qui viendroient en déduction du bail, qu'au fur & à meſure
qu'on formeroit la prairie, & qu'on
prendroit d'arpens de terre pour l'é-
tablir.

Sur un corps de Ferme qui ne feroit que de cent cinquante arpens, il ne s'agiroit que de moitié de déduction, ainfi des autres, à raifon de leur contenance.

Cela ne laifferoit pas que de diminuer la redevance de ce premier bail de neuf ans, qu'on deftineroit à l'établiffement de la prairie ; mais il en feroit de cette diminution comme de celle qu'on eft obligé de faire à un Locataire de maifon , quand il furvient quelques groffes réparations qui l'obligent de fe retirer à l'écart , & de n'en occuper qu'une partie , pour laiffer aux Ouvriers la liberté de travailler; avec cependant cette différence que , quand la Ferme feroit réparée par un bon établiffement de prairie , on en tireroit le double & le triple de ce qu'elle étoit louée;

au lieu qu'il ne feroit queſtion, pour la maiſon, que d'en continuer le loyer au même prix , quoiqu'il y ait été fait beaucoup plus de dé-penſe qu'à la prairie.

Avec encore cette différence que, quand la prairie eſt faite , il n'eſt plus queſtion d'y revenir , puiſqu'il ne s'agit que de l'entretenir, com-me on l'a déja dit , ſans qu'il en coûte rien de plus ; on n'en peut pas dire autant d'une réparation qu'on a faite à une maiſon.

On ne peut doncdiſconvenir que, quoique la dépenſe , dont on tien-droit compte à un Fermier dans le courant de ſon bail des terres qu'on prendroit pour l'établiſſement d'une prairie , paroiſſe plus ſérieuſe que les autres dont il eſt queſtion , elle ne ſoit très-modique par elle-mê-me , en comparaiſon des grands

avantages qui en réfulteroient, &
qui ont été fi bien démontrés.

Il ne feroit queftion de cette dépenfe, que dans le premier bail;
puifque dans tous les autres qui fui-
vroient, ne s'agiffant que d'entretenir la prairie, on ne feroit plus
obligé à aucune déduction envers
le Fermier.

On laiffe à tous les Propriétaires
qui fe détermineront à faire faire
des prairies, à en calculer la dépenfe
à raifon d'un feptier l'arpent, puifque le plus ou le moins dépend de
la contenance, que les corps de Ferme peuvent avoir.

A l'égard du quatriéme & dernier
Article, qui confifte à tenir compte
encore au Fermier des labours extraordinaires, qu'il feroit tenu de
donner aux terres qu'on mettroit
en prairies, par les raifons qu'on a

données ci-deſſus ; cette dépenſe, qui ſeroit encore bien peu de choſe, n'auroit lieu que dans le courant du premier bail ; puiſque dans les ſuivants, on pourroit la mettre ſur le compte du Fermier, attendu qu'il ſeroit tenu d'entrenir toujours la prairie.

Si un Propriétaire prenoit le parti de faire valoir par lui-même, en ne faiſant ſa prairie, & l'augmentation des beſtiaux qu'au fur & à meſure de l'augmentation des pailles, & en ne s'écartant point de cette régle, il ne dépenſeroit pas plus à bien monter ſa Ferme, qu'un Fermier qui y entreroit ; c'eſt un fait qu'on ne peut encore conteſter.

Tout ce détail n'eſt donné que dans le cas qu'un Propriétaire ne ſe ſoucieroit pas de profiter de la Déclaration du Roi, qui autoriſe de prolonger les baux des terres labourables jufqu'à vingt-fept ans ; & même dans le cas où il ne trouveroit pas de Fermiers qui vouluffent s'engager pour un auffi long-tems ; car, quoique cette Déclaration foit fi avantageufe, tant pour les Propriétaires que pour les Fermiers, encore peut-il s'en trouver de part ou d'autre, qui aimeront autant, & peut-être mieux s'en tenir aux baux de neuf ans.

L'Auteur des *Prairies artificielles* l'a expérimenté, puifqu'ayant propofé un bail de vingt-fept ans à un Fermier à raifon d'un établiffement de prairie avec tous les avantages qu'il pouvoit fouhaiter ; celui-ci a répondu qu'il ne vouloit point engager ni fa femme ni fes enfans dans le cas où il ne furvivroit pas à ce long bail.

Tout

Tout ce détail n'eſt encore donné
que pour inſtruire les Propriétaires,
puiſqu'ils ſeront beaucoup plus en
état de voir lequel des deux partis
leur conviendra le mieux, ou de
ne louer que par des baux de neuf
ans, ou de louer pour plus longues
années.

Il y a même apparence que les
baux de neuf ans ſeront plutôt du
goût d'un Fermier que les baux de
vingt-ſept ; puiſque, comme il y
ſeroit queſtion d'une augmentation
auſſi conſidérable que celle qui eſt
ici propoſée, quand même dans ce
bail de vingt-ſept années, on lui accorderoit les douze premières à raiſon de l'eſtimation la plus raiſonnable, & quand elle ſeroit telle qu'on
l'a fixée ci-deſſus, encore pourra-t-il
penſer que, s'il s'y déterminoit, il
auroit ſujet de s'inquiéter.

F f

Ainsi, fi un Propriétaire veut prendre férieufement le parti de réparer fa Ferme par un bon établiffement de prairies, il ne doit point héfiter de commencer par s'en charger : après quoi, quand le Fermier verroit par lui-même tout ce qu'il en réfulteroit, il ne balanceroit plus d'acquiefcer au doublement & même au triplement de fa location.

CHAPITRE VI.

De certaines attentions que le Proprié-
taire doit avoir sur son Corps
de Ferme.

IL ne suffit pas de faire faire, par
son Fermier, un établissement de
prairies, qui puisse nourrir assez de
bestiaux pour pouvoir, tous les ans,
amender sans discontinuation la sixiéme ou la neuviéme partie de son corps
de Ferme, à l'effet d'y entretenir
toujours le renouvellement de l'engrais, il faut encore que le Propriétaire ait l'attention que son Fermier
soit bien monté, c'est-à-dire qu'il
ait assez de chevaux ou de bœufs
pour pouvoir bien labourer & cultiver sa Ferme.

On a établi dans le *Manuel pour le*

Laboureur, que la perfection du Labour consistoit à renouveller un terrein par le travail de la charrue, quand il s'y trouvoit assez de fond pour pouvoir l'exécuter ; & on a établi, pour cette raison, qu'une charrue ne devoit comprendre, tout au plus, que vingt à vingt-cinq arpens de terre par sole, d'autant plus encore qu'il ne falloit faire les labours qu'à propos & en des tems convenables.

Ainsi, si un corps de Ferme est composé de trois cents arpens de terre, il faut qu'il soit monté comme ayant quatre ou cinq charrues suivant que les terres sont plus ou moins fortes, ainsi d'un autre à proportion.

On objectera, sans doute, que dans la situation où sont actuellement nos Campagnes, il est bien difficile de trouver des Fermiers qui soient bien montés ; & que , si on y insistoit absolument , on courroit grand risque de ne point louer sa Ferme.

En ce cas, plutôt que de laisser des terres incultes , il faut prendre un Fermier tel qu'on le trouve , en s'attachant seulement à ce qu'il soit laborieux , intelligent & d'une bonne conduite.

Cependant il seroit de l'avantage du Propriétaire de lui avancer ce qu'il faudroit pour achever de se bien monter ; puisqu'autrement , ne pouvant que mal labourer ses terres , elles ne rapporteroient pas à beaucoup près autant que si elles étoient bien cultivées.

Ce que le Fermier acheteroit au moyen de l'avance qui lui auroit été faite , ne fuffiroit-il pas pour en répondre avec toutes les autres fûretés qu'un Propriétaire pourroit prendre ? & pourroit-il courir aucun rifque ?

Mais les Propriétaires n'entendent pas encore cela ; il faut efpérer qu'ils l'entendront quand ils feront mieux inftruits fur l'Agriculture ; cependant on n'héfite pas de prêter à des perfonnes qui doivent nous intéreffer beaucoup moins qu'un Fermier, & qui n'ont pas même autant de fûretés à donner.

Une autre attention qu'un Propriétaire doit encore avoir , c'eft que dans le tems que fon Fermier travaille à faire fa prairie, il pourroit s'y tranfporter pour voir comment il s'en acquitte ; cela en vaudroit bien la peine, puifqu'il ne fagit pas moins que de parvenir certainement, comme on l'a démontré, à doubler & à tripler le revenu de sa Ferme, & même le fond, étant toujours estimé à raison de ce qu'il peut rapporter. Pour des objets bien moins intéressants, on n'hésite pas de faire des voyages éloignés.

Par tout ce qui a été dit dans ce *Manuel pour le Propriétaire*, on doit voir qu'il n'y est pas question de l'engager à faire valoir par lui-même ; parceque, dès qu'il s'acquitteroit, en cette qualité, de ses obligations envers son corps de Ferme, il tireroit autant de profit, que s'il se donnoit cette peine.

Si dans son corps de Ferme il se trouvoit quelques défrichemens à faire ; comme cela ne peut que le regarder, & nullement son Fermier, il feroit beaucoup mieux d'attendre, pour s'en occuper & les faire faire, qu'il eût remis en bonne valeur les terres qui font en culture,

CHAPITRE VII.

Ce qu'un Propriétaire doit sçavoir de l'Agriculture.

QUOIQU'IL paroisse qu'un Propriétaire qui ne fait point valoir par lui-même, pourroit se contenter de se mettre au fait de la juste valeur de ses terres & de tout ce qui peut concerner un bon établissement de prairies, il feroit cependant encore bien de se donner une idée juste de l'Agriculture.

Etant le plus beau de tous les Arts, le plus noble & le plus interressant, elle mérite bien qu'il en fasse son amusement.

S'il jettoit seulement un coup d'œil sur *le Manuel pour le Laboureur,* il verroit en quoi consiste la vraie

méthode qu'on doit fuivre & propofer pour bien cultiver ; il verroit
encore qu'il ne peut y en avoir d'autre , même dans tous les pays du
monde où on cultive ; puifque , dans
ce même *Manuel*, il eft démontré fi
clairement qu'elle fe trouve dans
l'explication des établiffemens de
toutes les Pratiques locales, tant en
général que féparément.

Il ne pourroit s'empêcher d'admirer une découverte auffi précieufe ,
qu'il ne manqueroit pas de regarder
comme un préfervatif merveilleux
contre toutes les nouvelles & fauffes
méthodes qu'on s'aviferoit de débiter encore.

Il ne feroit pas moins furpris de
voir dans fon *Manuel*, une autre découverte qui n'eft pas moins intéreffante , & qui confifte *en ce qu'il n'ap-*
partient qu'aux Propriétaires de remédier

au défaut de prairies, & que, ne l'ayant pas fait jufqu'à préfent, ils ont occafionné, ainfi que nos Laboureurs par leurs routines, le malheur de notre Agriculture.

Une fimple lecture le mettroit encore en état de bien veiller fur la conduite de fon Fermier & de voir s'il s'y prend bien pour exécuter les établiffemens de prairies qu'il lui fait faire, & pour mettre fon corps de Ferme en pleine valeur.

Etant donc auffi intéreffant que tout Propriétaire s'intruife ainfi, il fembleroit néceffaire que dans l'éducation de la jeuneffe on fît entrer cet art fublime qui apprend à cultiver la terre.

On y comprend quelquefois la Géométrie, qui apprend l'art de la mefurer; le premier ne feroit-il pas au moins auffi utile que l'autre? Cela tourneroit même à l'avantage des Bureaux d'Agriculture ; puisque, par la suite, on pourroit n'y admettre que des sujets qui, après avoir été instruits dans leur jeunesse, auroient encore pratiqué & fait valoir par eux-mêmes, pendant plusieurs années, leurs propres Domaines.

Les premières idées qu'on donneroit ainsi à la jeunesse, lui inspireroient pour l'Agriculture un goût qui ne s'effaceroit jamais ; & qui, se perfectionnant dans la suite par la pratique, feroit éclairé autrement que celui qu'on a généralement aujourd'hui pour tout ce qui concerne cet art.

Quels effets merveilleux n'auroit pas cette éducation dans laquelle on feroit ainsi entrer l'art de l'Agriculture ? puisque les Propriétaires ne peuvent se dispenser, comme on l'a démontré, de concourir avec leurs Fermiers , à tout ce qui regarde les réparations , améliorations & entretien de leurs terres.

On pourroit regarder comme un Rudiment d'Agriculture le *Manuel pour le Laboureur* , qu'on donne ici : en amusant la jeunesse , il auroit certainement l'effet d'exciter sa curiosité.

CONCLUSION
De cette seconde Partie.

EN réſumant tout ce que j'ai écrit en cette ſeconde Partie pour le Propriétaire, il ſera facile de remarquer que, ſi je lui ai tracé des devoirs, je lui ai, avec la même vérité, découvert des avantages réels. L'on verra encore que je ne me ſuis pas contenté de lui démontrer ſes obligations ; mais que je lui ai de plus expoſé les régles qu'il doit ſuivre; régles que j'oſe donner pour vraies, puiſque je les ai expérimentées moi - même pendant trente années.

De la pratique de ces principes, il reſultera néceſſairement que les richeſſes de l'Etat augmenteront conſidérablement ; le Fermier ſera plus heureux, & le Propriétaire plus équitable & beaucoup plus riche.

Fin de la ſeconde Partie.

MANUEL
D'AGRICULTURE,
POUR
LE GOUVERNEMENT.

MANUEL

TROISIÉME PARTIE

MANUEL D'AGRICULTURE, POUR LE GOUVERNEMENT.

INTRODUCTION.

AYANT fait voir auſſi évidemment dans les deux *Manuels* précédens, que les vraies cauſes du délâbrement de notre Agriculture
conſiſtoient dans les routines de nos
Laboureurs, dans le défaut de prairies, par rapport à l'exécution de

Gg

l'engrais, qui est si importante; qu'elles consistoient encore dans les impôts & charges de la Campagne; & que, pour mettre les Laboureurs & les Propriétaires bien au-dessus de ces charges & impôts, il suffisoit de retirer les premiers de leurs routines, & de déterminer les seconds à concourir avec leurs Fermiers pour faire des établissemens de prairies artificielles : comme ces deux moyens ne tendent pas moins qu'à doubler & tripler le revenu de nos terres, le Gouvernement ne doit point hésiter de concourir de son côté à les faire réussir.

Ainsi il s'agit de lui proposer :

1°. De concourir à retirer nos Laboureurs de leurs routines;

2°. De concourir à remédier au défaut de prairies;

3°. De connoître la juste valeur de nos terres, pour sçavoir à quoi se réduit aujourd'hui le produit net qu'on peut en retirer ;

4°. De s'instruire de l'Agriculture.

CHAPITRE PREMIER.

*Comment le Gouvernement peut concou-
rir à retirer nos Laboureurs de leurs
routines.*

QUAND on a donné l'explication
des Pratiques locales dans le cinquiéme Article des *Préliminaires*, on ne
l'a fait que parceque nos Laboureurs
les entendent mal, & qu'ils ne s'ap-
perçoivent pas qu'il réſulte néceſſairement de leurs établiſſemens &
des uſages qui leur ſont propres,
une admirable Méthode, la ſeule
capable de les retirer de leurs routines qui font un tort ſi conſidérable
dans l'Agriculture ; c'eſt ce qu'on a
fait concevoir dans ce cinquiéme
Article des *Préliminaires*.

Car à quoi ſe réduit généralement

ce qu'ils apprennent préfentement de leurs Pratiques locales ? A fça- voir feulement qu'elles contiennent certaines opérations qui ont cha- cune leurs ufages fixes & déter- minés , auxquels ils s'affujettiffent fervilement fur tout terrein , & à apprendre quels font les inftrumens dont ils doivent fe fervir pour bien travailler la terre.

Malheureufement pour l'avantage de l'Agriculture , ils ne vont pas plus loin , faute d'inftructions.

Or , comme le *Manuel pour le Laboureur* n'eft donné que pour ex- pliquer les Pratiques locales , & faire voir qu'il en réfulte évidemment une méthode qu'il eft fi intéreffant de faire connoître à tous les Labou- reurs , le Gouvernement ne peut fe difpenfer de le répandre & de le

diſtribuer dans toutes les Campagnes.

On peut dire que ce ſeroit le plus
grand ſervice qu'il rendroit à l'Etat,
puiſque le Gouvernement doit même concevoir par tout ce qui a été
dit de cette Methode dans le *Ma-
nuel pour le Laboureur*, qu'il ne ſeroit pas poſſible de parvenir ſans elle
à rétablir l'Agriculture.

Cette diſtribution pourroit ne lui
rien couter, ni même aux gens de la
Campagne ; il ſeroit facile d'en donner l'expédient.

On dira, ſans doute, que les gens
de la Campagne ne liſent pas.

Suppoſé qu'on parle ainſi, on ne
feroit pas attention qu'on ne manque jamais de lire tout ce qui eſt
utile à nos intérêts, & qu'on s'en fait
un plaiſir, de quelque état & condition qu'on puiſſe être.

Les gens de la Campagne étant aussi attachés qu'ils le font à leurs Pratiques locales, qui peut douter qu'ils ne reçoivent avec avidité l'explication qu'on leur en donnera?

Ils feroient même flattés de voir qu'on regarde chacune de leurs Pratiques locales, comme contenant le feul Livre d'Agriculture qu'on puiffe propofer & fuivre; cela leur donneroit une curiofité qui ne pourroit qu'avoir les plus merveilleux effets.

Qu'on fe fouvienne de ce qu'on a dit ci-deffus au fujet de la patience qu'a eu un Laboureur de copier en entier le *Traité des Prairies artificielles* ?

On n'en citera pas autant des Nouvelles Méthodes, parcequ'elles renverfent & détruifent les Pratiques locales.

G g iv

CHAPITRE II.

Comment le Gouvernement peut concou-
rir à remédier au défaut de Prairies.

LE Gouvernement, pour concourir à remédier au défaut de Prairies,
rendroit un Arrêt qui, en déclarant
(comme il a été dit ci-deſſus dans la
troiſiéme Section *des Jachères* Article III) que, pour faire une prairie
on n'excéderoit pas le huitiéme des
terres qu'on cultiveroit, feroit dé-
fenſe à tout Berger, ainſi qu'à tout
autre, d'y introduire ſes bêtes blanches, en quelque tems & en quelque
ſaiſon que ce fût, ſous des peines
convenables, comme amende, pri-
ſon, &c.

En conſéquence, tous les Propriétaires n'héſiteroient plus de faire

faire par leurs Fermiers des établissemens de prairies.

Il y auroit même des Habitans des
Villes, qui prendroient le parti de se
retirer à la Campagne pour faire
valoir par eux-mêmes leurs propres
Domaines & corps de Ferme. On a
déja parlé dans le premier Article
des *Préliminaires*, des égards & attentions qu'ils mériteroient de la part
du Gouvernement.

Ce seroit faire un grand bien à
l'Agriculture que d'engager ainsi les
Propriétaires à faire valoir par eux-
mêmes; puisque, devant s'intéresser
bien autrement que des Fermiers à
mettre leur corps de Ferme en bonne valeur, leur exemple & leur succès en imposeroient bien davantage
dans les Campagnes.

Ceux qui se distingueroient le

plus, foit en faifant valoir par eux-mêmes, foit en fe fervant de leurs Fermiers pour faire des établiffemens de prairies, ne mériteroient-ils pas des honneurs, des récompenfes, des diftinctions, fuivant leur état & condition, comme on en accorde à ces habiles Artiftes qui excellent dans la Peinture, la Sculpture, l'Architecture, la Chirurgie, la Mufique, &c.

Pourquoi n'agiroit-on pas de même envers quelques Propriétaires qui auroient excellé dans l'Agriculture? puifqu'on ne peut lui refufer le premier rang parmi les Arts.

Pour peu qu'on réfléchiffe fur cet Art fublime de l'Agriculture, qui eft l'unique fource de toutes nos richeffes réelles, on ne peut qu'être extrêmement furpris de voir qu'on l'ait ainſi négligé juſqu'à préſent ; il ſemble même qu'on n'ait cherché qu'à l'avilir.

Quand même cet Arrêt donne-roit la liberté de faire des établiſ-ſemens de prairies dans tous les corps de Ferme où il n'y en auroit pas ou pas aſſez, encore ſe trouve-roit-il des Propriétaires qui ne ſe ſoucieroient pas d'y concourir ; tels que les Bénéficiers, parmi le Clergé , qui ne ſont qu'Uſufrui-tiers.

En cette qualité , attendu la petite dépenſe inévitable dans laquelle les jetteroit, vis-à-vis de leurs Fermiers, un établiſſement de prairies , quel-ques-uns s'en exempteroient peut-être, parcequ'ils pourroient penſer qu'ils ne jouiroient pas des grands avantages qui en réſulteroient, & qu'ils ne travailleroient que pour leurs Succeſſeurs.

Pour les engager & même les obli-
ger à fe foumettre, comme tout Propriétaire, aux établiffemens de prairies, dans le cas qu'il en manqueroit,
ou qu'il n'y en auroit pas fuffifamment dans quelques unes des Fermes de leurs dépendances, il n'y
auroit pas à héfiter de la part du
Gouvernement d'inférer dans ce même Arrêt, que, faute par eux de s'en
acquitter, & de les faire faire par
leurs Fermiers, le revenu des corps de
Ferme qui ne feroient pas mis en prairies, feroit faifi au profit de l'Econo-
mat, jufqu'à ce qu'ils y euffent fatisfait
ou commencé à le faire. Ils mériteroient d'autant plus de n'être point
ménagés, qu'ils refuferoient alors
de concourir au rétabliffement général de l'Agriculture.

Comme il y a auffi bien des Propriétaires qui, fans tenir au Clergé,

ne font qu'Ufufruitiers , fçavoir ceux qui font dans le célibat, & ceux qui, étant mariés, n'ont point d'enfans, on n'oublieroit pas d'énoncer dans cet Arrêt, que, faute par eux de faire faire des établiffemens de prairies dans les corps de Ferme de leurs dépendances qui en auroient befoin, les revenus en feroient faifis au profit du Domaine.

Au moyen de ces précautions qui font fi néceffaires; la France, en peu d'années c'eft-à-dire en dix ou douze ans au plus, commenceroit à devenir également fertile & peuplée par-tout ; & fe trouveroit enfin entièrement femblable à tous ces bons Pays & Cantons où la Nature a fait des établiffemens de prairies.

Les peres de famille étant naturellement portés d'eux-mêmes à faire tout ce qui convient pour rendre leurs fucoeffions plus confidérables, fur-tout quand il y a peu à dépenfer, ne fe trouveroient pas léfés de fe voir affujettis aux établiffemens de prairies dans les cas fuppofés ci-deffus.

Cet Arrêt qui auroit le merveilleux effet de doubler & de tripler les richeffes de l'Etat, & qu'on feroit obferver avec la plus grande exactitude, feroit enregiftré dans toutes les Cours & Jurifdictions, pour que perfonne ne pût l'ignorer.

CHAPITRE III.

De quel avantage il seroit que le Gou-
vernement connût la juste valeur
de nos Terres.

LE Gouvernement sera bien plus
empressé de se servir des deux
moyens qu'on vient de lui proposer pour concourir au rétablissement de l'Agriculture , quand il
sçaura à quoi se réduit présentement
l'estimation qu'on peut donner aux
terres qu'on fait valoir , & comment
elle doit se faire.

Rien ne l'instruira mieux, sur un
objet aussi important, que le troisiéme Article des *Préliminaires ;* on y
voit tout ce qu'il faut nécessairement prélever sur un arpent pour en
connoître le produit net.

On y apprend que sur la plus

grande partie des terres du Royaume, ce produit net, qui ne peut être deſtiné que pour payer le Propriétaire, ne pouvant aller aujourd'hui qu'à un ſeptier au plus par arpent, (en ſuppoſant le ſeptier à raiſon du poids de cent ſoixante livres,) eſt à peine ſuffiſant pour payer les impôts dont il eſt chargé de ſon côté, y compris les frais d'entretien & de réparation, n'y ayant point de corps de Ferme ſi peu conſidérable qu'il ſoit, qui n'ait une maiſon & quelques dépendances.

Ainſi il ne reſte preſque rien aujourd'hui aux Propriétaires; il y en a même qui ne retirent pas de quoi payer les impoſitions.

Cela a été prouvé dans le *Manuel du Propriétaire*, Article IV; y ayant bien des terres dans le Royaume, ſur leſquelles, quoique labourées

rées & cultivées, ce produit net
d'un feptier par arpent, ne fe trouve
plus. Cependant toutes ces terres
quoique médiocres, pourroient rapporter, tout prélevé, jufqu'à trois
feptiers par arpent, comme les meilleures terres du Royaume.

L'Auteur des *Prairies artificielles*,
qui a fait valoir pendant trente ans,
l'a démontré de façon à n'en pouvoir
douter, s'étant fervi du moyen des
renouvellemens d'engrais bien exécutés fur tout un corps de Ferme.

La vraie fituation de notre Agriculture eft tellement repréfentée
dans ces deux Articles (tant du côté
des Fermiers que du côté des Propriétaires) que, perfonne ne pouvant en contefter la vérité, il y a
d'autant plus à s'empreffer de la part
du Gouvernement, de mettre en
exécution ce qu'on lui propofe, que,

H h

s'il ne se décidoit pas pour s'en acquitter, toutes nos Campagnes continueroient à se dépeupler, & deviendroient à rien.

Ainsi, de tous les projets qu'on peut présenter au Gouvernement pour rétablir l'Etat, & pour l'enrichir, il n'y a que celui de concourir de sa part à retirer nos Laboureurs de leurs routines, & à remédier au défaut de prairies ; en ordonnant les établissemens dont il est question, qui puisse réellement avoir tout l'effet qu'on peut désirer, parceque les Fermiers, comme les Propriétaires, seroient bientôt mis en état de pouvoir s'acquitter des impôts dont ils sont chargés.

CHAPITRE IV.

Combien il seroit avantageux au Gouver-
nement de s'instruire de l'Agriculture.

LE Gouvernement ne pouvant se
dispenser de concourir ainsi au rétablissement de nos terres, & ce rétablissement ne pouvant s'exécuter sans
son concours, l'Agriculture doit faire
la première & principale attention.

Quel est l'Art, comme celui de
l'Agriculture, qui mérite autant
qu'on s'y applique ? puisqu'en prati-
quant ce qu'on propose dans cet
Ouvrage, on y découvre en même
tems le véritable secret de doubler
& de tripler les richesses de l'Etat,
comme celui de doubler & de tripler
celles des sujets.

Y a-t-il rien, dans le Ministère, qui puisse autant l'intéresser ?

Il n'y auroit donc point à hésiter de comprendre cet Art sublime dans l'éducation d'un Prince pour lui en inspirer des idées justes, & pour lui en apprendre les véritables principes.

Cet exemple seul suffiroit pour s'en faire un devoir dans toutes les familles; & il n'y auroit ni Collége, ni Université qui osât se dispenser de l'enseigner à toute la jeunesse, en se servant du *Manuel d'Agriculture* qu'on donne ici, comme du seul *Rudiment* dont on puisse faire usage.

Qu'on juge de l'heureux changement qui en résulteroit en faveur de l'Agriculture & en faveur de l'Etat ?

Qu'on juge encore de celui qui

arriveroit dans tous ces Bureaux d'A-
griculture, qu'on a commencé à établir dans quelques Provinces ? Quel
empreſſement n'y verroit-on pas,
pour connoître la véritable Méthode
de l'Agriculture, & les ſeuls moyens
qu'elle apprend pour la rétablir généralement ?

Quoique leurs établiſſemens faſſent tant d'honneur au Gouvernement préſent ; cependant, fauté
de ce qu'on n'y a pas encore pris
une idée juſte de l'Agriculture, &
pour s'être trop livré à ces nouvelles Méthodes dont on a parlé, qu'en
eſt-il réſulté pour ſon rétabliſſement ?

Il a été décidé dans l'un que, pour
y parvenir, le meilleur parti qu'on
pouvoit prendre, étoit de ſupprimer les jachères pour les mettre entièrement en prairies, & qu'il ſem-

bloit qu'on en étoit déja convenu
affez généralement.

Dans un autre, qu'on n'y parviendroit jamais, qu'auparavant il n'y
eût une Loi en France, qui obligeât
tous les Propriétaires à échanger réciproquement fur les Terroirs toutes
les piéces de terres de leur corps
de Ferme qui y font ordinairement
difperfées, & par conféquent fé-
parées les unes des autres, pour
les réunir en une feule & même
piéce.

Enfin un Bureau d'Agriculture
dont on devoit attendre une déci-
fion plus réfléchie, n'a fait autre
chofe que d'annoncer la nouvelle invention d'un femoir plus perfection-
né & moins coûteux que tous ceux
qu'on avoit propofé auparavant, fans
faire feulement attention que, toute
notre Agriculture ne fe trouvant

qu'entre les mains des gens de la Campagne, il ne seroit pas bien aifé de l'y introduire, & que même on n'y parviendroit jamais.

Tous ces écarts ont été fi bien relevés, tant dans le *Manuel pour le Laboureur*, que dans le *Manuel pour le Propriétaire*, qu'il n'eft pas poffible de les juftifier.

Si, par amour pour le bien public & pour celui de l'Etat, la générofité de ceux qui compofent ces Bureaux, les engage à propofer des Prix pour infpirer plus d'émulation entre les Laboureurs & les Fermiers, qu'ils lifent attentivement, avant que de fe déterminer, la *Méthode* qu'on donne ici, c'eft-à-dire tout le *Manuel pour le Laboureur*; ils fçauront bien mieux à quoi s'en tenir fur les queftions intéreffantes

qu'il conviendroit de donner à décider.

Ils verroient que presque toutes
celles qu'on peut faire sur les différentes façons d'exécuter les opérations de l'Agriculture, relativement à
toutes les sortes de qualités de terrein, ont été bien expérimentées &
qu'elles sont décidées.

Par exemple, à l'occasion du Prix
qui est annoncé dans la Gazette de
France du 11 Février 1764, au sujet de l'opération de l'engrais, n'a-
t-on pas entièrement éclairci dans la
Section qui la concerne, tout ce qui
peut l'intéresser pour s'en bien acquitter ; sur-tout en grand, c'est-à-
dire sur la totalité d'un corps de Ferme, si considérable qu'il puisse être ?

L'on avouera que cela est bien
autrement intéressant que de n'ap-

prendre à la bien faire que fur quelques arpens, comme on l'a déja établi
dans la Section *des Engrais*, Art. II,
pag. 172 ; ce feroit même fe tromper , de penfer qu'en ne s'intéreffant que pour de pareils petits objets , on parviendra au rétabliffement général de nos terres.

Ainfi les Bureaux d'Agriculture
ne deviendront véritablement utiles
& avantageux dans les Provinces ,
qu'autant qu'on y travaillera bien
férieufement à opérer le *grand Œuvre* , qui fait tout l'objet de cet
Ouvrage.

J'avois intention de faire entrer
dans ce *Manuel pour le Gouvernement* ,
un Article concernant la liberté de
l'exportation des bleds ; mais , toute
réflexion faite , la matière m'a
paru d'une telle importance , fur-
tout eu égard à l'état actuel de no-

tre Agriculture , que j'ai penſé que cette liberté ne devoit ni ne pouvoit être bien examinée , quant à ſon utilité & à ſes inconvéniens , que par le Gouvernement même ; & j'ai encore penſé que , ſi on ſe déterminoit dès-à-préſent pour cette liberté d'exportation , ſoit limitée , ſoit illimitée , j'aurois toujours eu raiſon de dire , dans l'*Idée ſommaire de cet Ouvrage* , que , quand nos terres , par les moyens infaillibles qu'on propoſe , feront parvenues à rapporter au double & au triple de ce qu'elles rendent aujourd'hui , les richeſſes nous viendroient de toute part , c'eſt-à-dire , que le Royaume de France deviendroit le plus floriſſant Empire de l'Univers.

Fin de la troiſième & dernière Partie.

RÉFUTATION

DE LA NOUVELLE METHODE

DE M. THULL.

RÉFUTATION

DE LA NOUVELLE MÉTHODE

DE M. THULL.

INTRODUCTION.

PARMI les Amateurs de l'Agriculture, il s'en trouve un ſi grand nombre, tellement prévenus en faveur de la *Nouvelle Méthode de M. Thull*, qu'on a penſé qu'on ne pouvoit ſe diſpenſer d'en donner la Réfutation pour mieux parvenir à défendre nos Pratiques locales, qu'on a eu en vue de renverſer, en la publiant.

Ayant cependant ſuffiſamment fait voir combien elles ſont reſpectables, & qu'on trouve en elles la vraie méthode de l'Agriculture, & la feule qu'on puiffe annoncer, il y a lieu de croire que l'Apologifte de M. Thull ne s'eft pas donné la peine de les examiner à fonds.

Ce font ces Pratiques locales ; c'eft-à-dire cette Méthode précieufe qu'elles contiennent, qu'on appellera ici, l'*Ancienne Méthode* pour l'oppofer à la *Nouvelle* de M. Thull.

Cette *Ancienne Méthode* eft toute différente des routines de nos Laboureurs ; on l'a fuffifamment fait voir ; il ne faut donc pas s'y tromper.

La Réfutation qu'on fe propofe de faire, eft divifée en deux Parties.

Dans la première on donne le Précis de cette nouvelle Méthode.

Dans la feconde, qui eft divifée en plufieurs Chapitres, on y fait voir qu'elle n'eft pas propofable à tous égards.

PREMIERE PARTIE.

PRÉCIS
DE LA NOUVELLE MÉTHODE
DE M. THULL.

DANS l'ancienne Méthode on ne s'eſt aviſé de labourer les terres à froment qu'avant de ſemer ; mais, dans la nouvelle, on les cultive avant & après, & on les laboure dans tout le tems de ſa végétation & de ſon accroiſſement, juſqu'à ce qu'il ſoit en maturité ; c'eſt-à-dire que, quoique le froment ne ſoit qu'une plante annuelle, on lui applique cependant la même culture qu'on donne aux plantes vivaces, telles que la vigne.

Examinons ce que M. Thull propose pour parvenir à exécuter ce fiftême fur un grand terrein ou fur un corps de Ferme.

Quoique cela foit contenu dans cinq à fix volumes, & qu'ici cela fe trouve réduit en Articles qui ne contiennent que quelques pages, on croit en dire affez pour faire comprendre ce qu'il faut fçavoir de ce nouveau fiftême.

1°. Il faut commencer par labourer tout un corps de Ferme en bandes de fix pieds de largeur chacune.

2°. En les diftinguant chacune par un fillon, ou plutôt par une raie, (a) il faut les labourer en *Billon* &

(a) On appelle *Sillon* une ligne de labour dont la terre n'eft renverfée que d'un côté, à la différence de la *Raie* où elle l'eft des deux côtés. On a expliqué dans le *Manuel du Laboureur* la différence des labours à *Plat* & des labours en *Billon*.

non

hon à *Plat*, parcequ'il plait à M.
Thull d'attribuer à cette façon de
culture plus de fuccès qu'à l'autre.

3°. Après que toutes les bandes
auront été labourées trois à quatre
fois, & qu'elles auront été bien
ameublies, bien retournées & bien
foncées, autant que le terrein peut
le permettre, on les partagera,
au tems de la femence, en planches
& en plattes bandes.

4°. Les planches feront prifes
dans le milieu des bandes; elles en
comprendront environ le tiers; il
faut qu'elles foient chacune d'un
pied neuf pouces de largeur; les
plattes bandes qui fe trouveront formées de ce qui reftera des bandes
dans l'entre-deux des planches, auront quatre pieds trois pouces de
largeur, ni plus, ni moins.

5°. Les planches contiendront les

rangées de froment, qui se réduiront le plus ordinairement au nombre de trois ; elles seront distantes de sept pouces l'une de l'autre, & dans ces trois rangées, le froment sera répandu grain à grain à la même distance de sept pouces ; on le couvrira, aussi-tôt qu'il sera semé, en renversant les élévations des rangées.

6°. N'étant pas possible de semer à la main ces trois rangées dans un grand terrein, on se servira d'un semoir qu'on dit être de l'invention de M. Thull, & qu'il appelle *Drill* ; aussi est-il si preste dans ses opérations, qu'en faisant les rangées, il y répand en même tems le froment, & le couvre.

7°. Comme les trois rangées, que le semoir fera, ne peuvent contenir que l'espace de quatorze pouces, on laissera, après son opération, à droit

& à gauche des rangées, deux petites bandes de trois pouces & demi chacune; ce qui achevera de donner aux planches la largeur défignée ci-deffus; on ne touchera point à ces petites bandes, lorfqu'on prendra la largeur des plattes bandes, & qu'on les labourera.

8°. Ces petites bandes n'étant donc plus labourées après que les planches feront faites, elles font deftinées pour occuper le tallement du froment, pour faciliter les labours, pour défigner & fixer où ils doivent commencer, & pour empêcher qu'on n'approche de trop près les rangées; car, quoique les labours, fuivant M. Thull, comme on le verra ci-après, puiffe couper les extrêmités des racines, & les déplacer, il ne faut pas cependant qu'ils les coupent fi près des rangées.

9°. Le femoir ne donnera pas plus de fept pouces de diftance aux trois rangées, afin que les racines qui en fortiront, puiffent plutôt atteindre le labouré des plattes bandes, & il n'en donnera pas moins aux grains de froment qu'il répandra dans les rangées pour empêcher les racines de trop s'embaraffer & de fe nuire les unes les autres.

10°. Dans les meilleurs terreins, qui ne feront point fujets à pouffer des herbes, on pourra faire des planches à quatre rangées, auxquelles on ne donnera que fix pouces de largeur ; mais on y éloignera les grains de froment à neuf à dix pouces, & même jufqu'à un pied, pour prévenir encore l'embaras des racines.

11°. Dans les terreins humides, qui pouffent beaucoup d'herbes, on ne fera que des planches à deux rangées pour avoir la facilité de les arracher avec la main, c'est-à-dire de les sarcler.

M. Thull (*a*) n'insiste pas sur les planches à cinq & à six rangées, dans la crainte que les racines de la rangée du milieu ne puissent atteindre assez tôt le labouré des plattes bandes, & ne puissent en profiter.

12°. Les plattes bandes qui résulteront de l'opération du semoir, auront nécessairement la largeur de quatre pieds trois pouces désignés

(*a*) M. Thull, ou plutôt son Apologiste, sur des remontrances bien fondées, qui lui ont été faites, a bien voulu accorder qu'on ne mît les grains de froment dans les rangées qu'à trois & quatre pouces de distance, & même moins, au lieu de sept, pour remplacer ceux que les accidens qui arrivent assez ordinairement tous les ans, pouvoient faire manquer, & ne pas faire lever; mais il n'a pas cru devoir prendre sur lui de se relâcher sur la distance des rangées.

ci-deſſus ; & n'en auront pas moins,
puiſqu'il faut les labourer avec des
bêtes de tirage comme chevaux ou
bœufs.

13°. Les plattes bandes devant
être labourées à deux fins, ſçavoir
pour donner plus de ſuccès au froment, qui eſt ſemé dans les planches, & ſur-tout pour en bien diſpoſer le terrein, qui doit être enſe-
mencé, l'année ſuivante, il faudra
les bien ameublir, les bien retourner & les bien fouiller, autant que
le terrein le permettra.

14°. Juſqu'à ce que les planches
ſoient moiſſonnées, on donnera quatre à cinq labours aux plattes bandes, le premier avant l'hyver, pour
détruire les herbes & pour en diſpoſer le terrein à être plus facilement
labouré au printems. Le deuxiéme
auſſitôt que les gelées ſeront paſſées,

pour augmenter le tallement du froment, le troifiéme en Mai, & le
quatriéme vers la faint-Jean, pour
faciliter de plus en plus fa végétation
& fon accroiffement.

15°. Tous les labours des plattes
bandes feront faits à *Plat*, à la différence de ceux des grandes bandes,
qui doivent être faits en *Billon*, &
cela parceque dans les plattes bandes, il s'agit de renverfer toujours
la terre du côté des rangées, ce qui
s'exécutera en partageant les plattes bandes en deux parties qui ne
commenceront l'une & l'autre à être
labourées que dans le milieu de la
platte bande, afin de finir précifé-
ment le labour à l'endroit où les
petites bandes des planches fe ter-
minent.

Il y a d'autant plus de néceffité à
partager ainfi les labours des plat-

tes bandes, qu'autrement, si, après les avoir commencées du côté d'une rangée , on continuoit jufqu'à l'autre planche fans s'arrêter dans le milieu de la platte bande , on mettroit la première rangée de cette planche en danger d'être à découvert , & de fe trouver dénuée de la terre dont elle auroit befoin pour le progrès des racines qui en fortiroient.

16°. Pour faciliter les labours de ces plattes bandes, au lieu de faire tirer de front les bêtes de tirage, on pourra les mettre l'une devant l'autre, en leur donnant un conducteur, indépendamment de celui qui doit tenir la queue de la charrue ; cette précaution, quoique couteuse , étant néceffaire pour empêcher le trépignement des chevaux ou des bœufs fur les rangées de froment.

17°. Pour faciliter encore les la-

bours & pour que le terrein des plattes bandes foit mieux brifé , retourné & fouillé, qu'il ne pourroit l'être
en fe fervant des charrues ordinaires, dont il paroît que M. Thull ne
fait pas grand cas, parcequ'il n'en
connoît pas l'ufage, il en propofe
de fon invention, qui font à deux
roues, à une roue , fans roues, &
qui ont plufieurs coûtres; il en donne la defcription dans fa *Nouvelle*
Méthode, ainfi que de fon femoir.

18°. Auffitôt que toutes les planches feront moiffonnées, on rétablira les grandes bandes de fix pieds
de largeur dans tout le corps de Ferme, & on les labourera en *Billon*,
pour enfuite avec le femoir, au
tems des femences , être encore
partagées en planches & en plattes
bandes, ce qu'on continuera tous
les ans alternativement, pour tou-

jours entretenir la même culture.

19°. Enfin tout se réduit à faire & pratiquer des grandes bandes, des planches, des petites bandes, des plattes bandes avec la plus exacte précision, & à se servir d'un semoir pour se mettre en état de cultiver en grand, & de labourer encore plusieurs fois le froment, après qu'il est semé.

C'est dans cette sorte de culture & dans cette répétition des labours, que M. Thull, fait consister le grand principe de fécondité de sa nouvelle Méthode.

Au moyen, dit-il, de cette répétition des labours sur les racines du froment, indépendamment de ceux qui ont été faits avant de le semer, la terre se ressentant encore bien mieux des influences de l'air, du soleil, des pluyes, acquiert une si

grande quantité de fels & de fucs
nourriciers , que , devenant même
inépuifables , il n'eft queftion que de
mettre les racines à portée de pouvoir en profiter pour fe procurer
les plus belles & les plus riches dé-
pouilles.

C'eft pourquoi il prétend que fa
nouvelle Méthode n'a befoin que
des deux opérations du labour &
de la femence ; déclarant qu'il fup-
prime les jachères, ainfi que les engrais, à la différence de l'ancienne
qui croit au contraire ne pouvoir
pas s'en paffer, & qui a fur-tout une
grande confiance dans les engrais ,
principalement dans ceux qui proviennent de beftiaux.

Il attribue même tant de force
& de fi merveilleux effets au principe de fécondité de fa nouvelle
Méthode, qu'il va jufqu'à établir ,

qu'il ne faut, pour enfemencer les terres qu'elle cultive, que le tiers, que le quart, & même que le cinquiéme de ce que nos Laboureurs employent ordinairement.

Pour appuyer ce fingulier fyftême qui renverfe totalement nos pratiques locales, on rapporte dans cinq à fix volumes une grande quanfité d'expériences qui, dans le fonds, ne prouvent rien, ainfi qu'on va le démontrer dans la feconde Partie.

SECONDE PARTIE.

RÉFUTATION

DE LA NOUVELLE MÉTHODE

DE M. THULL.

INTRODUCTION.

IL n'étoit pas difficile d'imaginer de faire au froment l'application de la culture qu'on donne aux plantes vivaces ; la difficulté n'étoit pas d'exécuter à la main cette application sur un petit terrein, comme sur un quarré de jardin ; on pouvoit l'avoir pensé & même éprouvé avant M. Thull.

Mais il s'agissoit d'exécuter cette

application en grand, c'eſt-à-dire ſur
un corps de Ferme de telle étendue
qu'il pourroit être ; & cette exécution ne pouvant ſe faire à la main
pour ce qui concerne l'opération de
ſemer , il falloit inventer un ſemoir
qui , après les bandes faites dans tout
un corps de Ferme , pût y dreſſer
des planches exactement priſes dans
le milieu , en les ſemant en même
tems , & qui , en faiſant ces planches,
laiſſât des plattes bandes , c'eſt-à-
dire des intervalles aſſez larges entre
les planches pour pouvoir être labourées en tout tems par des bêtes
de tirage , comme chevaux ou
bœufs , après que les planches ſeroient ſemées.

Ce ſemoir fait donc la piéce importante de cette nouvelle Méthode , puiſque , pour pouvoir exécuter
en grand , elle en fait néceſſairement

tout le jeu. Auffi les Sectateurs de M. Thull la regardent-ils comme le chef-d'œuvre de l'invention humaine, pour l'avantage de l'Agriculture.

Quoique M. Thull s'attribue cette invention, cependant, à en juger par ce que fon Apologifte raconte d'un femoir dont on faifoit ufage en Efpagne, il y a environ cent ans, & dont il convient qu'il n'eft plus queftion aujourd'hui, il fembleroit que M. Thull n'en auroit pas l'honneur, & que même fon femoir n'auroit pas un meilleur fuccès en France, n'étant que le renouvellement d'une chofe qui auroit déja échoué.

Comment ce mauvais pronoftic n'a-t-il pas commencé à ouvrir les yeux de l'Apologifte fur le fort de cette nouvelle Méthode qui ne peut s'exécuter fans femoir ?

Il s'agit donc de faire voir que la nouvelle Méthode de M. Thull n'est pas proposable en tout point, de quelque côté qu'on la confidére.

1°. Par rapport à la pofition de notre Agriculture, & à la fituation de nos terres.

2°. Parceque la répétition des labours fur les racines du froment, ne peut lui être auffi avantageufe qu'on le prétend.

3°. Par rapport à la fuppreffion des engrais.

4°. On fera voir qu'on ne comprend point dans cette nouvelle Méthode, la fuppreffion des jachères qu'elle annonce.

5°. On prouvera que toutes les expériences qu'on rapporte dans cinq à fix volumes, ne décident rien en faveur de la nouvelle Méthode.

6°. Pour réfuter encore un nouveau

veau Traité que l'Apologiste de M. Thull a donné sous le Titre d'*Elémens d'Agriculture*; on fera voir l'inutilité de l'usage du semoir dans la Pratique ordinaire de cultiver.

CHAPITRE PREMIER.

La Méthode de M. Thull ne convient point à la position de notre Agriculture & à la situation de nos terres.

ON peut commencer par prédire, avec confiance, que cette nouvelle Méthode ne s'établira jamais en France, l'Agriculture n'y étant généralement exercée que par les gens de la Campagne, qui doivent être considérés comme composant seuls tout le corps des Agriculteurs.

S'agissant d'instruire des gens qui sont si attachés à leurs Pratiques locales, comment a-t-on osé la publier ?

On sçait que les gens de la Campagne tiennent toutes les terres du Royaume, par des baux de six ou neuf ans, & qu'il n'eſt point dans le goût de la Nation, que les Proprié-taires faſſent valoir par eux-memes; s'il s'en trouve quelques-uns, c'eſt une ſi petite exception, qu'elle ne mérite pas qu'on y faſſe attention.

On ne devoit donc pas ſe flatter d'introduire une nouvelle Méthode qu'on vient de faire voir être ſi rem-plie de gênes & de difficultés, qui exige tant de préciſion , & dont on peut dire que l'exécution , en grand, n'eſt pas pratiquable; car, pour pouvoir labourer & former les ban-des qu'elle établit, & qu'on doit par-tager en planches & en plattes ban-des, quand on diroit qu'il faut con-tinuellement avoir à la main, ou le pied, ou la toiſe, & même le com-pas, on ne diroit rien de trop, par-cequ'il faut que les bandes n'ayent exactement que ſix pieds de largeur,

que les planches n'ayent qu'un pied
neuf pouces, y compris les petites
bandes, qui doivent les accompagner à droit & à gauche des rangées,
& qui doivent exactement n'avoir
chacune que trois pouces & demi,
& parcequ'il faut que les plattes
bandes ayent abſolument quatre
pieds trois pouces en largeur, ni
plus ni moins.

Si les bandes avoient plus de ſix
pieds, quand il n'y auroit que
quelques pouces d'excédent, cela
feroit ſur le total d'un corps de Ferme un déchet & une perte de terrein aſſez conſidérable ; &, ſi elles
avoient moins de ſix pieds, il en
réſulteroit qu'on ne pourroit donner aux planches & aux plattes bandes leur largeur convenable & nécef-
ſaire.

Il faut encore la même attention

& la même précision pour la con-
ftruction des planches & des plattes
bandes qui font tirées de ces bandes
dont tout le terrein eft deftiné à les
former.

Si les planches avoient plus d'un
pied neuf pouces de largeur, y compris les petites bandes ci-deffus, qu'il
faut former, le froment de la rangée du milieu, feroit en danger de
ne pouvoir arriver affez tôt pour
étendre fes racines jufqu'au labouré
des plattes bandes; &, fi les plattes
bandes avoient moins de quatre
pieds trois pouces de largeur, ne s'y
trouveroit-il pas encore bien plus
de gêne & de difficulté pour labourer avec les bêtes de tirage; au lieu
que, fi elles avoient trop de largeur,
il s'en enfuivroit encore une perte
de terrein confidérable.

Ce qu'on vient de dire concerne

les planches à trois rangées, qui
font les plus ordinaires.

Dans le cas qu'il feroit queftion
de faire des planches à quatre rangées, à raifon de fix pouces feulement de diftance entr'elles ; comme
elles exigeroient pour leur largeur
deux pieds un pouce, à caufe que
les rangées en prendroient dix-huit,
& que les petites bandes qui doivent les accompagner à droit & à
gauche prendroient fept pouces, il
s'enfuivroit qu'il faudroit donner
aux grandes bandes la largeur de
fix pieds quatre pouces, chacune ;
puifqu'il faut toujours donner aux
plattes bandes la largeur de quatre
pieds trois pouces pour la facilité
des labours, à caufe des bêtes de tirage : & fi on ne faifoit que des planches
à deux rangées d'un pied de diftance
entr'elles, il ne s'agiroit donc que

de donner aux grandes bandes cinq
pieds trois pouces.

Il faut, comme l'on voit, bien de
l'attention , pour proportionner la
conſtruction des grandes bandes aux
différentes planches qu'il eſt queſtion
de faire , puiſqu'autrement on per-
droit ſur le total d'un corps de Ferme beaucoup de terrein , ou l'on s'y
trouveroit fort embaraſſé.

Voilà aſſurément une plaiſante
façon de culture à propoſer aux gens
de la Campagne ; puiſque , pour
bien exécuter les grandes bandes ,
les planches, les petites bandes &
les plattes bandes , que la nouvelle
Méthode exige, il faut toujours calculer , toujours ſupputer , toujours
meſurer.

Quand ils en ſeroient capables,
comment pourroient-ils encore exécuter cette nouvelle Méthode ſur

K k iv

la totalité de leur corps de Ferme ?

On sçait qu'ils sont presque toujours composés d'une infinité de piéces de terre, qui sont séparées les unes des autres ; & même, pour l'ordinaire, elles sont toutes situées & répandues sur les trois soles d'un terroir qui généralement est partagé en jachères, en bleds & en Mars.

Or, tous les corps de Ferme étant censés, ou plutôt devant suivre, comme on l'a établi, le même partage que celui de leur terroir, il ne se peut que toutes les piéces qui les composent n'ayent chacune leurs royés, leurs tenans & leurs aboutissans.

En cet état, comme, dans la nouvelle Méthode, il faut toujours cultiver le froment après qu'il est semé, tant dans la saison de l'été, que dans celle du printems; il n'eſt pas poſſible de le faire, puiſque, pour y aller, il faudroit traverſer avec tout l'attirail du labourage quantité de piéces de terres, dont les bleds & les Mars feroient déja fort avancés & en train d'atteindre leur maturité.

En ſuppoſant même que le Domaine d'un corps de Ferme feroit réuni, & ne feroit qu'une feule piéce de terre; en ce cas, ne pouvant ordinairement ainſi exiſter fans avoir quelques royés, il feroit encore difficile d'aller cultiver le froment quand il feroit femé, du moins on ne le pourroit, de même que dans les piéces de terres qui font répandues fur les trois foles d'un terroir, fans perdre beaucoup de terrein; il eſt aiſé de le faire concevoir.

Dans un terrein deſtiné à être cultivé ſuivant la nouvelle Métho-

de, quel qu'il foit, divifé ou non divifé, pour labourer les plattes bandes d'un bout à l'autre, avec des bêtes de tirage, il faut en fortir, il
faut y rentrer, ce qui ne fe peut fans
faire un tournant qui exige au
moins une largeur d'environ dix-
huit à vingt pieds; on doit le concevoir en faifant attention à la di-
menfion que doivent occuper une
charrue & des bêtes de tirage, qu'il
faut faire avancer jufqu'au bout, &
enfuite tourner, fur-tout fi on les
met l'une devant l'autre, comme le
recommande M. Thull pour la plus
grande facilité & commodité du labourage, dans un efpace auffi étroit,
auffi refferré, que l'eft celui des plattes bandes.

Cela feroit donc trente-fix à quarante pieds de terrein en largeur,
autant dire deux verges, qu'il faut

néceſſairement perdre, ſçavoir une verge d'un côté & une verge de l'autre, dans toute l'étendue que peut avoir en largeur le terrein qu'on cultive en planches & en plattes bandes. On doit ſentir que cela doit faire un déchet conſidérable.

On ne peut aſſurément le faire ſupporter aux royés, ſur-tout dans un tems où leurs bleds ou leurs Mars prennent leur accroiſſement, & avancent en maturité ; il s'en enſuivroit tous les ans des dommages & intérêts très-conſidérables ; il faut donc faire tomber ce déchet ſur ſoi-même, c'eſt-à-dire ſur ſon propre terrein.

D'ailleurs n'y ayant preſque point de ſituation de corps de Ferme réuni, qui ſeroit iſolé, à l'écart, & ſans avoir des royés des tenans & des aboutiſſans, il s'enſuit que de quelque côté qu'on se retourne, il n'y a que des difficultés, des inconvéniens, & même de l'impossibilité dans l'exécution de la nouvelle Méthode pour pouvoir la travailler en grand.

Dans l'ancienne Méthode, comme on ne laboure un terrein à froment, qu'avant que de le semer, & comme tous les royés en font de même, on doit concevoir qu'on y va quand on veut, sans faire tort à qui que ce soit, & qu'on à toute la facilité possible de cultiver son terrein sans en rien perdre.

La nouvelle Méthode n'est donc bonne, tout au plus que pour un terroir idéal, appartenant tout au même maître, & où l'on distribue les terres comme les planches d'un jardin. Ce système part de trop loin pour arriver jusqu'à nous; & dans l'état où font les chofes aujourd'hui, un terroir eft occupé de mille petites piéces.

L'origine n'en pouvant provenir que de la divifion générale des terroirs en trois foles, & que du partage des fucceffions, le projet de leur réunion pour l'avantage prétendu de l'Agriculture en faveur de ce nouveau fyftême, ne feroit donc qu'une idée chimérique.

Enfin peut-on concevoir qu'on parviendra à faire labourer nos Fermiers & nos Laboureurs dans des plattes bandes, qui laiffent fi peu de terrein.

Le travail des labours devient pour lors exceffif, & demande des attentions, dont ne font pas capables des gens de la Campagne, qui gâteront les rayons de froment en labourant les entre-deux.

Aussi jusqu'à présent, quoiqu'il y ait bien des années que cette nouvelle Méthode soit annoncée, n'a-t-on pas encore vû un seul de tout le corps des Agriculteurs, qui ait été seulement tenté de l'essayer, ni en grand, ni même en petit, malgré les exemples qu'on s'est efforcé de leur en donner.

Ce ne sera point avec une nouvelle Méthode, quelle qu'elle puisse être, qui renverseroit leurs Pratiques locales, qu'on rétablira en France l'Agriculture.

A l'égard du semoir dont l'usage est indispensable pour exécuter en grand la nouvelle Methode de M. Thull, comment se flatter de pouvoir l'introduire dans la façon ordinaire de cultiver?

Le méchanisme en est si composé, qu'il ne peut qu'il ne se dérange quelquefois dans son opération ; en ce cas, à qui pouvoir recourir dans les Campagnes pour le rétablir & le remettre en état.

Ce semoir ne laissant pas que de couter, & pouvant exiger de l'entretien, les gens de la Campagne se détermineront-ils à en faire la dépense ?

Si le tems est pluvieux, & si les terres sont tant soit peu molles ou fraiches, ce semoir ne peut-il pas s'engorger & laisser sans semences la moitié du sillon ? Qui peut répondre que cette machine jettera toujours exactement son grain de semence si le terrein est inégal ; au lieu que la main du Laboureur, qui séme, ne peut se tromper en rien ; elle est, comme on l'a deja dit, d'une exécution plus sûre.

L'opération de semer est assurément trop importante pour s'en rapporter à une machine, quelque ingénieuse qu'elle puisse être.

Ainsi on aura beau leur dire qu'au moyen de l'usage du semoir, ils gagneront beaucoup sur leurs semences jusqu'à la moitié, les deux tiers, les trois quarts & même plus, ils penseront toujours que cette réduction ne s'accommodera point avec leur expérience, & ils auront raison.

CHAPITRE

CHAPITRE II.

Les fréquens Labours sur les racines du froment, ne peuvent lui être aussi avantageux que le prétend M. Thull.

QUOIQU'IL n'y ait encore aucun de ceux qui composent en France le corps des Agriculteurs, qui ait exécuté cette nouvelle Méthode, & quoiqu'il n'y en aura jamais ; cependant quelques Amateurs & quelques Propriétaires qui font valoir par eux-mêmes, en ont fait des expériences en petit, c'est-à-dire sur trois à quatre arpens ou environ, en se servant du semoir.

Il est vrai que M. Lallin de Chateau-Vieux, Syndic de la Ville de Genève, l'a exécuté en grand, parcequ'il s'est trouvé avoir un terrein fait exprès, & parcequ'il a eu plus de constance que les autres ; mais, si on l'excepte, on n'en voit point qui (après leurs épreuves & leurs expériences en petit, nonobstant les petits succès qu'elles ont pu avoir vis-à-vis les routines de quelques Fermiers voisins) ait été tenté d'aller plus loin , & d'adopter la nouvelle Méthode pour s'en servir à faire valoir tout leur corps de Ferme , ou tout leur Domaine ; ils en ont senti les difficultés, la gêne, les inconvéniens & même l'impossibilité.

Que penser de l'Apologiste lui-même qui ne s'est pas comporté autrement dans une de ses terres, & qui n'a point suivi l'exemple de M. de Chateau-Vieux ? On y voit seulement le Canton que son Fermier travaille suivant la nouvelle Méthode ; encore n'exécute-t-il que très-mal & avec répugnance.

Voilà donc pourquoi toutes les expériences, qui sont rapportées dans cette nouvelle Méthode, ne signifient rien. Elles font même d'autant plus contre M. Thull, que, ne la proposant que pour êtré substituée à l'ancienne, c'étoit des corps de Ferme entiers, qu'il falloit donner pour expériences, & des corps de Ferme situés sur toutes sortes de terreins bons, médiocres, mauvais, reconnus & annoncés comme tels; c'étoit le vrai moyen de la faire triompher; au lieu que, ne rapportant que des expériences en petit, qui n'ont été exécutées que sur les meilleurs terreins, il donne lieu d'en conclure, avec raison, que sa nouvelle méthode ne peut s'exécuter qu'en petit, & qu'elle ne peut réuffir sur les terreins médiocres.

Il n'y a point de doute que ce

qui a excité la curiosité de ces Propriétaires à faire quelques expériences, ce ne soit la nouveauté de cette
seconde culture sur les racines du
froment, dont il n'est pas question
dans l'ancienne Méthode.

Qu'on consulte sur cette seconde
culture les vrais Cultivateurs, ils diront unanimement, & soutiendront
que le froment, n'étant qu'une plante
annuelle, n'est pas fait pour être cultivé à la façon des plantes vivaces ;
que cette culture ne lui est pas aussi
avantageuse qu'on peut le penser,
& qu'il suffit de bien s'acquitter des
labours, avant de semer le froment
pour en disposer suffisamment le
terrein, parceque n'étant que neuf
à dix mois en terre, il n'y a pas
assez de tems pour qu'elle puisse
s'affaisser & durcir de façon à empêcher ses racines de pénétrer, de

s'infinuer & de chercher leur nourriture.

Si, avant de le femer, la terre a été bien ameublie, bien fouillée & bien retournée plufieurs fois, il eft fans difficulté que, dans les premiers mois de cette bonne culture, la racine du froment a affez de tems pour fe fortifier & pour fe mettre fuffifamment en état de pouvoir toujours pénétrer, quand même la terre viendroit à s'affaiffer.

C'eft dans le commencement qu'un froment eft femé, qu'il fuffit que la terre ait été bien remuée plufieurs fois.

Les Cultivateurs, qui ont bien pratiqué, diront encore que, bien loin que cette feconde culture foit auffi merveilleufe que le prétend M. Thull, rien ne doit faire plus de tort à la racine du froment, que de la couper, de la retourner & de la déplacer tant de fois, & de l'expoſer à la ſéchereſſe dans le tems qu'il eſt en végétation & qu'il prend ſon ac-croiſſement.

S'il ne lui arrivoit qu'une fois d'ê-tre ainſi travaillée, ſa racine pour-roit avoir le tems de ſe reprendre ; mais il s'en faut bien qu'elle le puiſ-ſe, puiſque le terrein de la platte-bande dans laquelle on imagine qu'elle peut s'étendre, doit être labouré trois à quatre fois depuis le printems juſqu'en Juillet, parcequ'il faut encore le diſpoſer à être enſe-mencé.

Autant dire que tous les mois il faut labourer & travailler la racine du froment quoique ſi tendre, ſi déli-cate, & ſi ſuperficielle, tandis que la vigne, qui eſt une plante vivace, & qui a des racines dures, fortes

& profondes, ne reçoit tous les ans qu'un labour au printems, n'étant queſtion après cela, juſqu'à la maturité du raiſin, que de deux à trois farclages pour arrêter le progrès des herbes, tandis encore que les arbres qu'on cultive, ne reçoivent de même qu'un labour au printems, & n'en reçoivent pas davantage, dans la crainte de détruire l'humidité dont leurs racines ont befoin.

Il eſt certain que, lorſqu'il s'agit de cultiver des plantes vivaces, après qu'elles ſont ſemées ou plantées, le labour du printems eſt celui qui leur eſt le plus favorable, parceque, dans cette ſaiſon, la terre & les plantes peuvent profiter beaucoup mieux des influences de l'air, du ſoleil & des pluyes, & parceque, pour lors, elles ſont moins en danger d'en eſſuyer de l'inconvénient, se reffentant encore des grandes fraîcheurs qu'elles ont reçues pendant l'hyver ; aulieu que , fi dans le courant de l'été on ouvre encore la terre plufieurs fois, comme le recommande expreffément M. Thull, on a à craindre un defféchement fur les racines, à caufe du grand air & des chaleurs.

Si cependant, pour quelques plantes vivaces, on fe détermine à donner des labours pendant l'été , pour aider & faciliter leur végétation, auffi-bien que leur accroiffement, on ne doit les donner qu'avec précaution & attention, & que relativement au tems & à la qualité du terrein ; autrement ils ne peuvent que leur être plus préjudiciables qu'utiles.

On peut donc facilement concevoir que la répétition des labours , que M. Thull propofe de donner au froment fur fes racines pendant la faifon de l'été, ne peut généralement que lui être nuifible.

A l'égard du labour du printems, qui feul pourroit lui convenir, nos Laboureurs font cependant quelquefois dans un ufage bien contraire, puifqu'il leur arrive pour lors de rouler avec fuccès leur froment, pour affaiffer la terre, à l'effet de lui conferver l'humidité dont fa racine a befoin plus que celle de toutes les autres plantes annuelles.

Ainfi la Méthode de M. Thull ne peut être que bien hazardée fur ce labour du printems, & ne peut être que très-nuifible fur tous les autres.

Mais nonobftant tout ce qu'on vient de dire, il ne peut faire autrement, pour foutenir fa Méthode, que d'infifter fur tous les labours dans la faifon de l'été, puifque le

terrein des plattes bandes eſt encore
deſtiné à être enſemencé pour être
moiſſonné l'année ſuivante, & que
pour cette raiſon, on ne peut ſe
diſpenſer de faire la répétition des
labours.

Voilà comme on ſe trouve mal
engagé ſans s'en appercevoir, lorſqu'on donne pour principe de fécondité, un paradoxe, dont on ne
voit pas toutes les conſéquences.

Quand on diroit que ce paradoxe
eſt généralement un faux principe,
on n'avanceroit rien de trop.

Car, pour peu qu'on ait de pratique dans l'Agriculture, on conviendra que toutes les expériences qui
ſont rapportées dans la Méthode
de M. Thull, n'ont pu favoriſer ce
paradoxe, qu'autant que le terrein
y étoit diſpoſé, & que les ſaiſons du
printems & de l'été ne ſe ſont point

trouvées trop séches, & qu'elles s'y font heureusement prêtées.

Ainsi, toutes celles qu'on pourra encore tenter, ne pourront qu'être hazardées, même sur les meilleurs terreins.

A l'égard de ceux qui sont médiocres & mauvais, comment cette seconde culture sur les racines du froment pourroit-elle avoir seulement le moindre effet? supposant même, ce qui n'est pas, qu'elles puissent s'étendre jusques dans le labouré des plattes bandes, pricipalement les racines qui sortent du milieu des planches : car elles auroient au moins une espace de dix à onze pouces à parcourir & à traverser pour pouvoir y arriver.

Il n'est pas concevable qu'étant tant de fois coupées, retournées & déplacées, elles soient en état de s'y reprendre affez vite comme dans un bon terrein, & d'y multiplier les fuçoirs, comme le prétend M. Thull.

Cette feconde culture fe réduifant à ne pouvoir réuffir que quelquefois & dans certaines années, fur de bons terreins l'Apologifte de M. Thull a eu grand foin de ne faire mention que des expériences qui y ont été faites avec quelque fuccès apparent, & qui ne peuvent, comme l'on voit, en impofer qu'à ceux qui ne fçavent ce que c'eft qu'Agriculture.

Voudroit-il encore après cela prétendre que la répétition des labours, fur les racines du froment, a tant d'effets & produit une fi prodigieufe quantité de fels & de fucs, qu'elle peut agir également & fans aucune diftinction fur toutes fortes de terreins, bons, médiocres ou mauvais?

Qu'on en fasse l'expérience, & qu'on les mette en planches & en plattes bandes en pareille quantité, en suppofant qu'ils ayent été également plufieurs fois labourés dans tout le tems de la végétation & de l'aecroiffement du froment jufqu'au tems de fa maturité, en fuppofant même encore que toutes les racines qui fortiront des planches faites dans ces trois différens terreins, ayent pu atteindre également affez-tôt le labouré des plattes bandes, en réfultera-t-il trois récoltes pareillement abondantes?

Elles fuivront affurément la nature de leurs terreins, & feront voir, à n'en pouvoir douter, que la terre indiftinctement, nonobftant la répétition des labours, n'acquiert pas la grande quantité de sels & de sucs *inépuisables*, qu'on veut lui supposer, quoique les racines ayent été mises à portée d'en profiter par les labours réitérés dans les plattes bandes.

Qu'on prenne dans les plaines de Champagne (où cependant on fait venir un bon froment avec un engrais suffisant) un quarré de terrein pour le cultiver suivant la nouvelle Méthode de M. Thull, quelle pitoyable récolte n'en résultera-t-il pas, nonobstant les labours réitérés dans les plattes bandes? Ces labours y procureront-ils des sels & des sucs *inépuisables ?*

En général, la répétition des labours ne peut avoir d'autre effet que de mettre plus ou moins un terrein, suivant sa portée, en état de profiter des influences de l'air, du soleil & des pluyes ; mais elle n'en changera jamais ni la nature , ni la qualité.

Une pareille prétention ne peut donc servir qu'à achever de décrier la nouvelle Méthode , qui semble ne point reconnoître la diversité des terreins , paroissant insinuer que son principe de fécondité est si supérieur , qu'en s'y conformant & en l'exécutant, on peut se mettre au-dessus de cette diversité.

Cette diversité fait cependant nécessairement la base fondamentale de tout ce qu'on peut établir pour bien diriger les opérations de l'Agriculture : qui pense autrement ne la connoît pas.

CHAPITRE III.

De la suppression des Engrais.

IL n'est pas étonnant que, dans cette nouvelle Méthode, on ait été jusqu'à supprimer entièrement les engrais, qui sont cependant si importans dans l'Agriculture, puisqu'on a attribué au principe de fécondité de la nouvelle Méthode l'effet de produire sur tout terrein, de quelque nature qu'il puisse être, soit bon, soit médiocre ou mauvais, une si prodigieuse quantité de sels & de sucs, qu'ils deviennent même *inépuisables*.

Mais, comme on a fait voir ci-dessus, d'une façon à ne pouvoir y répliquer, qu'un pareil principe n'étoit qu'un paradoxe insoutenable, il en est de même de toutes les conséquences féquences qu'il a plu à M. Thull d'en tirer.

Cette prétention de pouvoir ainfi fe paffer d'engrais, n'eft-elle pas fingulière ?

Cependant fon Apologifte , fans faire , apparemment , attention qu'il devoit autrement refpecter ce principe, & ne lui donner aucune atteinte, a eu la complaifance d'accorder de petits engrais, comme les cendres, les fuyes de cheminées , les boues, les cendres de chaux, &c. à l'exception néanmoins de ceux de beftiaux, parcequ'étant compofés de pailles, ils ne pourroient que déranger l'ufage du femoir qui ne veut qu'un terrein aifé, & que rien ne puiffe arrêter.

Véritablement , quand une terre eft amandée avec des fumiers de beftiaux, cela ne peut que la rendre très-inégale, d'autant plus que les pailles, dont ils font entremêlés, ne fe trouvent pas toujours bien pourris au tems de la femence.

Comment peut-on tant vanter une machine qui ne s'accommode point avec les fumiers de Beftiaux ?

CHAPITRE IV.

On ne conçoit point comment on entend,
dans la nouvelle Méthode, la suppref-
fion des Jachères qu'elle annonce.

CE QU'IL y a de plus furprenant
dans cette nouvelle Méthode, c'eft
la fuppreffion des jachères que M.
Thull annonce, comme pour fe donner un air d'avantage fur l'ancienne
Méthode, tandis qu'il ne peut difconvenir lui-même, que l'établiffement des plattes bandes n'emporte
plus de la moitié du terrein, fans rien
rapporter; les tiges de froment ne
paffant point au-delà des planches.

On a toujours entendu par *Ja-*
chères, la partie des terres qui fe repofe alternativement tous les ans,
dans un corps de Ferme, c'eft-à-dire

qui ne porte point, & qui ne produit rien pendant une année entière, fervant en même tems de pâturage aux beftiaux ; c'eft cette grande utilité qui en réfulte pendant un fi long-tems, qui lui a même fait donner le nom de *Jachères.*

Comment donc M. Thull l'entend t-il ? Le voici. C'eft que, quoique les terreins des plattes bandes ne portent point & ne produifent rien, n'étant deftinés qu'à être labourés, ils n'en font pas moins en travail, fuivant lui , parce qu'ils ne ceffent de fournir des fels & des fucs nourriciers aux racines qui fortent des planches pour s'y étendre : il fuppofe donc qu'elles s'y rendent toutes; ce qu'on ne croit point pouvoir arriver dans des terreins médiocres & mauvais.

C'eft donc en conféquence de ce

travail fuppofé, qu'il fe croit autorifé de prétendre que fa nouvelle
Méthode eft exempte de jachères.

M. Thull entend encore, qu'il n'y
a point de jachères dans fa nouvelle
Méthode, parceque tout ce qui eft
cultivé, par elle, porte tous les ans.

Par exemple, une piéce de terre
qui fera tous les ans cultivée fuivant
fa nouvelle Méthode, fera cenfée,
felon lui, toujours porter, parceque
tous les ans elle fe trouvera en froment.

Mais il faut faire attention que
dans cette piéce, il n'y a que ce qui
fe trouve en planches qui porte &
qui produit, & que les plattes bandes ne fervant qu'à être labourées, il
y a néceffairement dans cette piéce
plus de moitié de fon terrein qui
ne porte point & qui ne produit
rien.

Ainsi quand M. Thull dit qu'il n'y a point de *Jachères* dans sa nouvelle Méthode , parceque les terres, y étant en travail, ne se reposent point, ou parceque tous les ans une même piéce de terre est cultivée pour continuer à toujours donner du froment ; on appelle cela abuser des termes , pour en faire accroire à ceux qui ne sçavent ce que c'est que *Jachères*.

Cela a même si bien pris parmi ses Sectateurs , qu'ils soutiennent tous, que dans sa nouvelle Méthode , rien ne s'y repose , & que tout y porte tous les ans ; ajoutant que c'est en cela que consiste sa grande prérogative sur l'ancienne Méthode.

Pourroit-on dire qu'ainsi que ses Sectateurs , M. Thull n'a pas entendu ce que c'est que *Jachères ?*

Il ne les a voulu entendre , du moins, que dans le ſens qu'elles ſignifient *Pâturages* , puiſqu'il convient que le terrein des plattes bandes de ſa nouvelle Méthode ne peut ſervir de pâtures aux beſtiaux , parcequ'elles ſe trouvent ſi étroitement placées entre deux bleds , qu'il n'eſt pas poſſible de les y conduire.

Ce n'eſt pas là aſſurément le bel endroit de ſa nouvelle méthode.

Prévoyant bien les objections qu'on lui feroit à l'occaſion de la ſuppreſſion des jachères en tant qu'elles ne ſignifient que *Pâturages* ; il n'a pas manqué de les prévenir , en diſant que , comme ſa nouvelle Méthode donnoit le moyen de faire rapporter un arpent de prairies artificielles , plus que pluſieurs ne le pourroient dans les jachères , & même dans les prairies ordinai-

res, il étoit facile de se dédomma-
ger.

Mais il ne s'agit pas ici seulement
du gros bétail, comme vaches ou
bœufs; on sçait qu'en faisant usage
des prairies artificielles, on peut
aussi-bien, & même encore mieux
les nourrir, & les engraisser en les
gardant dans leurs écuries, qu'en
les conduisant dans les jachères, où
le plus ordinairement il n'y a que
peu pour eux à pâturer.

C'est des bêtes blanches qu'il est
principalement question, & qu'on
ne peut garder dans leurs bergeries.

Les jachères ne sont, pour ainsi
dire, établies que pour elles, comme
on l'a fait comprendre dans le *Manuel pour le Laboureur*; parcequ'elles
s'y nourrissent beaucoup mieux que
tous les autres bestiaux, n'aimant
que l'herbe des champs, & nulle-

ment celles des prairies qui les pour-
rit, se nourrissant sur-tout des racines qu'elles sçavent si adroite-
ment trouver dans le labouré des
jachères.

Il est d'autant plus intéressant de
ne pas cesser de les y conduire, que
la finesse & la bonté de leurs laines
en dépendent, n'y ayant que le grand
air qui puisse les bonifier ; au lieu
qu'en les gardant dans leurs bergeries, pour ne les conduire que quelques fois pâturer le long des chemins ou sur quelques montagnes,
lorsqu'il s'y en trouve, leurs laines
s'y échauffent, s'y pourrissent, &
ne peuvent qu'en devenir très-mau-
vaises.

Il est si vrai qu'il n'y a que le
grand air qui bonifie leurs laines,
qu'on a l'expérience qu'elles réus-
sissent beaucoup mieux dans les Can-

tons où on peut établir des parcs.

Ainsi une Méthode qui supprime aussi complettement des pâturages qui font si néceffaires aux bêtes blanches, doit être rejettée. L'intérêt public exige même qu'on en défende l'ufage, les laines faifant dans notre Royaume, & par-tout ailleurs, une branche de commerce aussi intéreffante.

Que répondra à cela M. Thull ? S'en tirera-t-il, comme il s'en est tiré à l'égard du gros bétail ?

La différence qu'il y a donc entre l'ancienne Méthode & la nouvelle, c'eft, que dans celle-ci, plus de la moitié des terres y refte en pure perte, fans qu'elles puiffent fervir de pâture aux bêtes blanches, ce qui mérite une grande attention ; au lieu que, dans l'ancienne Méthode, ce qui refte tous les ans fans rien porter, & qui ne consiste que dans le tiers des terres qu'on laboure, leur est extrêmement profitable.

Quand l'ancienne Méthode n'auroit que cette prérogative qui est si précieuse à l'Agriculture & au commerce, elle seroit bien suffisante pour lui donner gain de cause sur la nouvelle, & pour faire voir que celle-ci n'est pas proposable.

CHAPITRE V.

Des expériences rapportées en faveur de la nouvelle Méthode.

DE tout ce qu'on a dit ci-deſſus il s'enſuit bien clairement, que toutes les expériences en petit, qui ſont rapportées ſans nombre en faveur de la nouvelle Méthode, tombent d'elles-mêmes, parcequ'on ne peut en conclure qu'on puiſſe l'exécuter en grand ; cela vient d'être prouvé & démontré de façon à ne point souffrir de réplique.

Il s'y en trouve à la vérité quelques-unes en grand, comme celle qui a été faite par M. Lallin de Chateauvieux, Syndic de la Ville de Genêve ; mais on ne peut encore en rien conclure, parcequ'on a bien fait voir que, pour pouvoir exécuter en grand la nouvelle Méthode, il falloit posséder un terrein fait exprès, c'est-à-dire qui soit isolé de tous les côtés & qui n'aît ni royés, ni tenans, ni aboutissans, ce qu'il est extrêmement rare de trouver ; d'ailleurs on ne doit pas s'étonner des petits succès apparens qu'ont pu avoir toutes ces expériences, n'ayant été faites que vis-à-vis les routines de nos Laboureurs.

Ainsi, de quelque côté qu'on les considère, elles ne signifient & ne décident rien en faveur de la nouvelle Methode.

Osera-t-on, après cela, la mettre en comparaison, vis-à-vis l'ancienne, bien entendue, & telle qu'on l'a donnée & expliquée dans le *Manuel pour le Laboureur*, puisqu'elle s'exécute aussi facilement, tant en grand

qu'en petit, sur tout terrein bon, médiocre, mauvais, avec les plus heureux succès, jusqu'à les faire rapporter trois à quatre fois plus, & les faire
tous monter à la plus haute valeur
qu'on puisse leur donner à chacun.

On en a une preuve bien complette
dans l'expérience, qu'en a faite l'Auteur des *Prairies artificielles*, sur une
terre qu'il posséde.

Elle seule en dit plus que toutes
ces expériences en petit, quoique
sans nombre ; car n'apprend - elle
pas tout ce qu'on peut désirer de
sçavoir pour bien faire valoir un
corps de Ferme, quelque considérable qu'il puisse être, & en quelque
Pays & Canton qu'il puisse être
situé ?

CHAPITRE VI.

De l'inutilité de l'usage du Semoir dans la façon ordinaire de cultiver.

L'APOLOGISTE de M. Thull a encore donné un nouveau Traité sous le Titre d'*Elémens d'Agriculture.*

C'est un abregé de la nouvelle Méthode, dont il vante toujours le merveilleux principe de fécondité pour engager de plus en plus à la pratiquer, au moins en petit, dans l'espérance qu'à la fin on parviendroit plus facilement à pouvoir l'exécuter en grand.

Mais cependant comme il s'est apperçu que, malgré toutes ses exhortations, qui contiennent cinq à six volumes, on continuoit de ne l'exécuter qu'en petit ; & qu'après les ex-

périences, qu'on en avoit même faites avec quelques succès apparens,
on n'étoit pas plus tenté de l'exécuter
en grand, il s'est déterminé de proposer dans ce nouvel Ouvrage qu'il
regarde comme un *Rudiment d'A-*
griculture, de réduire toute la nouvelle culture à l'usage seul du semoir; parceque, par son moyen, on
ne pouvoit que beaucoup gagner
sur les semences, ne s'agissant pas
moins, selon lui & tous ses partisans, que de la moitié, des deux
tiers & même des trois quarts sur
ce qu'on en employe ordinairement, ajoutant même qu'on gagneroit encore beaucoup sur les récoltes.

Enfin il va jusqu'à proposer l'usage de son semoir dans la façon ordinaire de cultiver, nonobstant les
routines dont elle est accompagnée,
bien

bien perſuadé que cela lui procu-
rera un très-grand avantage.

Voilà donc où il borne préſentement tout ce qu'on peut faire pour
rétablir notre Agriculture.

Il eſt inconcevable qu'il continue
d'inſiſter toujours à attribuer à l'uſa-
ſage du ſemoir de pouvoir ainſi réduire la ſemence, ſans expliquer la
cauſe d'un effet auſſi merveilleux.

Dans la pratique de la nouvelle
Méthode, il y a du moins une cauſe
apparente dans ſon prétendu principe de fécondité; mais le propoſer
encore dans une autre Méthode qui
a des principes différens, avec les
mêmes avantages, ſans en expliquer
la cauſe, c'eſt ce qu'on ne conçoit
point.

Quoi qu'il en ſoit, comme il eſt
de principe, dans toutes les Pratiques locales du monde entier, qu'il

n'y a que l'expérience du Laboureur, qui puisse bien déterminer & régler sa quantité de semence ; & ce principe étant si vrai, que l'Apologiste lui-même ne peut que le reconnoître, on ne peut donc bien semer qu'en se conformant à ce principe, qui a été établi ci-dessus, dans la quatrième Section, Article IV du troisiéme Chapitre du *Manuel pour le Laboureur* ; on y rapporte une expérience qui est sans replique.

Cela étant, quand la quantité de semences a été ainsi réglée par le Laboureur, qu'il se serve du semoir, ou qu'il se serve de sa poignée pour la répandre, y a-t-il quelque chose pour lors à gagner pour lui ? Et y aura-t-il plus d'avantage d'un côté que de l'autre ?

Or, comme on a encore fait voir que le Laboureur avec sa poignée, la diftribuoit avec tant de précifion, que, dans la quantité d'un feptier qu'il étoit déterminé de donner à un arpent, il ne s'y trompoit pas feulement d'une écuellée : à quoi bon tant vanter un femoir qui eft démontré être auffi inutile, & qui ne peut gagner que dans le cas qu'on en feroit ufage vis-à-vis un Laboureur qui ne femeroit que par routine ?

Au lieu donc de s'amufer à ces inventions qui ne feront jamais venir un grain de plus vis-à-vis une bonne Agriculture ; que ne s'occupe-t-on plutôt des vrais moyens de la rétablir ?

Ne pouvant être contefté, comme on l'a fi bien démontré, que fon dérangement ne provient que des routines de nos Laboureurs, & que du défaut du concours des Propriétaires avec leurs Fermiers, pour des établissemens de prairies, ce ne sera assurement point dans l'usage du semoir qu'on les trouvera.

Les bons Cultivateurs, c'est-à-dire ceux qui sçavent ce que c'est qu'Agriculture, & qui en ont toute l'expérience, ne peuvent que souffrir de voir que depuis si longtems on ne donne ainsi que dans la frivolité & dans l'illusion.

CONCLUSION.

QUE conclure de tout ce qu'on vient de dire de cette nouvelle Méthode ? Ce qu'en ont pensé les bons Cultivateurs, c'est-à-dire ceux qui sçavent ce que c'est que l'Agriculture & qui l'ont pratiquée.

Qu'elle n'est qu'une idée de cabinet & rien plus, qui ne peut s'exécuter que sur les meilleurs terreins, & qui ne peut s'y exécuter qu'en petit & que très-difficilement en grand; encore faut-il que le terrein soit isolé de toute part.

En *Petit*, si on a la précaution de choisir un bon terrein, & même le meilleur qu'on puisse connoître, elle amusera beaucoup ceux qui voudront voir jusqu'où peut s'étendre le talement du froment, qui fait un des plus beaux objets d'admiration qu'il y ait dans la Nature.

L'exécution en-eſt' facile ſur un quarré qu'on prendroit dans un jardin ou ailleurs, en dreſſant & en labourant à la bêche ou à la charrue les grandes bandes, & en ſe ſervant du ſemoir pour former les planches, les petites bandes & les plattes bandes.

» Cependant, dira-t-on, M. Lal-
» lin de Chateauvieux exécute *en*
» *grand*, depuis pluſieurs années,
» cette nouvelle Méthode avec la
» plus exacte préciſion, ſans man-
» quer à rien de tout ce qu'elle pre-
» ſcrit ; il en eſt même ſi content qu'il
» a beaucoup travaillé à perfection-
» ner le ſemoir de M. Thull. »

Ce qu'on peut répondre, ſans même qu'il y ait à repliquer, c'eſt que M. de Chateauvieux poſſéde un Do-

maine fait exprès pour l'exécution
de cette nouvelle Méthode, & qu'il
ne connoît l'ancienne que par les
routines de nos Laboureurs, qui véritablement ne font pas foutenables.

Mais s'il la connoiffoit telle
qu'elle fe trouve & qu'elle fe déve-
loppe dans toutes les Pratiques locales ainfi que dans celle du Canton
où font fituées toutes les terres qu'il
fait valoir par lui-même, ce qu'il découvrira mieux que tout autre,
quand il voudra y réfléchir, il n'y
a point de doute qu'il ne revînt
bien vîte de fon illufion ; il feroit
même furpris, qu'on ait ofé fubftituer à l'ancienne Méthode la nouvelle de M. Thull, qui lui paroîtroit
pour lors fi peu raifonnée.

Le retour de M. de Chateauvieux
à la véritable Agriculture , feroit
pour celle-ci une avantageufe acquif-

N n iv

tion, ayant si bien fait voir qu'il en étoit zélé Amateur & Cultivateur, par la constance & le courage sans exemple, qu'il lui a fallu avoir pour surmonter toutes les difficultés qu'il n'a pu que rencontrer dans l'exécution de la Méthode de M. Thull.

Malgré tout ce qu'on vient d'en dire', on ne peut que donner les plus grands éloges au célébre Académicien qui a bien voulu en être l'Apologiste ; puisque l'Agriculture lui a des obligations réelles.

Avant lui on n'osoit, pour ainsi dire, en écrire, ni en traiter ; on auroit même cru s'avilir.

Ayant donc franchi le pas, il est parvenu à si bien faire sentir de quelle importance il étoit de s'appliquer à l'Agriculture & de la connoître, qu'aujourd'hui il n'y a qui que ce soit qui ne se fasse un plaisir de s'en occuper, & qui ne convienne qu'elle eſt réellement le ſeul & unique fondement de toutes nos richeſſes ſolides.

En un mot c'eſt lui qui a ranimé en France le goût de l'Agriculture, qui y étoit comme perdu.

F I N

SUPPLÉMENT.

OBSERVATION

Sur l'Article IV de la Section des Engrais, page 194.

DANS le tems que l'Auteur des *Prairies artificielles* n'étoit encore que novice dans la pratique de l'Agriculture, il avoit commencé par faire une très-grande quantité de prairies & par acheter beaucoup de bestiaux, voulant se presser de jouir & de mettre son corps de Ferme en pleine valeur : mais, ayant ressenti aussitôt le défaut de pailles, & s'étant lassé d'y suppléer en en achetant les premières années, il a été enfin obligé de réformer ſes prairies & ſes beſtiaux pour enſuite ne les augmenter qu'au fur & à meſure que le produit des pailles augmenteroit dans ſon corps de Ferme.

On a donc raiſon de dire que ceux qui trouvent trop lente la Méthode qu'il propoſe pour parvenir à bien exécuter le renouvellement de l'engrais ſur la totalité d'un corps de Ferme, quelque conſidérable qu'il puiſſe être, ſont ſans expérience, ou du moins qu'ils n'ont pas encore pratiqué aſſez long-tems pour bien ſçavoir ce qu'il en eſt de l'Art de l'Agriculture ſur toutes ſes opérations.

OBSERVATION

Sur le Chapitre IV du Manuel d'Agriculture pour le Gouvernement ; *page* 489.

NE seroit-il pas plus avantageux pour le rétablissement général de l'Agriculture en France, de proposer dès-à-présent des prix ou des récompenses considérables en faveur des premiers Propriétaires qui, par eux - mêmes ou par leurs Fermiers, parviendroient à doubler & à tripler le revenu de leurs corps de Ferme de la contenance de trois cents arpens, ou au moins de deux cents, soit par le renouvellement de terrein, en employant le travail de la charrue, soit par le renouvellement & l'entretien de l'engrais, soit enfin par l'un & par l'autre exécutés en même tems ?

TABLE
DES MATÈIRES.

MANUEL D'AGRICULTURE.

ARTICLES PRELIMINAIRES.

PREMIÈRE PARTIE.

Manuel d'Agriculture pour le Laboureur.

SECONDE

SECONDE PARTIE.

Manuel d'Agriculture pour le Propriétaire.

Q o

SUPPLÉMENT.

Fin de la Table des Matières.

APPROBATION.

J'AI LU, par ordre de Monseigneur le Vice-Chancelier, un Manuscrit qui a pour Titre : *Manuel d'Agriculture pour le Laboureur, le Propriétaire & le Gouvernement*, & je pense que cet Ouvrage est très-digne de l'impression. A Paris ce 10 Décembre 1763. *Signé* MACQUART, Censeur Royal.

PRIVILEGE DU ROI.

LOUIS, par la grace de Dieu, Roi de France & de Navarre, à nos amés & féaux Conseillers les gens tenans nos Cours de Parlement, Maîtres des Requêtes ordinaires de notre Hôtel, Grand-Conseil, Prevôt de Paris, Baillifs, Sénéchaux, leurs Lieutenans Civils & autres nos Justiciers qu'il appartiendra, SALUT. Notre amé le sieur *de la Salle de l'Etang*, Nous a fait exposer qu'il désireroit faire imprimer & donner au Public un Ouvrage de sa composition qui a pour titre : *Manuel d'Agriculture*

582

pour le Laboureur, pour le Propriétaire &
pour le Gouvernement : s'il Nous plaisoit
lui accorder nos Lettres de Privilége pour
ce nécessaires ; A ces causes , voulant favorablement traiter l'Exposant , Nous lui
avons permis & permettons par ces Présentes, de faire imprimer sondit Ouvrage
autant de fois que bon lui semblera , &
de le faire vendre & débiter par tout
notre Royaume pendant le temps de *dix*
années consécutives , à compter du jour
de la date des Présentes ; faisons défen-
ses à tous Imprimeurs , Libraires & autres personnes , de quelques qualité & condition qu'elles soient , d'en introduire d'impression étrangère dans aucun lieu de
Notre obéissance ; comme aussi d'imprimer ou faire imprimer, vendre, faire
vendre, débiter ni contrefaire ledit Ouvrage , ni d'en faire aucun extrait, sous
quelque prétexte que ce puisse être , sans
la permission expresse & par écrit dudit
Exposant, ou de ceux qui auront droit
de lui, à peine de confiscation des exemplaires contrefaits , de trois mille livres
d'amende contre chacun des contreve-
nans , dont un tiers à Nous, un tiers à
l'Hôtel-Dieu de Paris , & l'autre tiers au-
dit Exposant , ou à celui qui aura droit
de lui, & de tous dépens , dommages &
intérêts ; à la charge que ces Présentes
seront enregistrées tout au long sur le
Registre de la Communauté des Imprimeurs & Libraires de Paris , dans trois

mois de la datte d'icelles ; que l'impreſſion dudit Ouvrage ſera faite dans notre
Royaume & non ailleurs, en bon papier
& beaux caractères conformément à la
feuille imprimée, attachée pour modéle
ſous le contre-ſcel des préſentes ; que l'im-
pétrant ſe conformera en tout aux Régle-
mens de la Librairie, & notamment à celui du 10 Avril 1725 ; qu'avant de l'expoſer en vente, le Manuſcrit qui aura
ſervi de copie à l'impreſſion dudit Ouvrage, ſera remis dans le même état où l'Approbation y aura été donnée ès mains de
notre très-cher & féal Chevalier Chance-
lier de France, le Sieur DE LAMOIGNON ;
& qu'il en ſera enſuite remis deux exemplaires dans notre Bibliothéque publique,
un dans celle de notre Château du Lou-
vre, un dans celle dudit Sieur DE LA-
MOIGNON, & un dans celle de notre
très - cher & féal Chevalier Garde des
Sceaux & Vice-Chancelier de France,
le Sieur DE MAUPEOU : le tout à
peine de nullité des Préſentes : Du contenu deſquelles vous mandons & enjoi-
gnons de faire jouir ledit Expoſant & ſes
ayans cauſes, pleinement & paiſiblement,
ſans ſouffrir qu'il leur ſoit fait aucun trou-
ble ou empêchement : Voulons que la copie des Préſentes, qui ſera imprimée tout
au long, au commencement ou à la fin
dudit Ouvrage, ſoit tenue pour duement
ſignifiée, & qu'aux copies collationnées
par l'un de nos amés & féaux Conſeillers

Sécretaires, foi soit ajoutée comme à l'O-
riginal. Commandons au premier notre
Huiſſier ou Sergent ſur ce requis, de
faire, pour l'exécution d'icelles, tous
actes requis & néceſſaires, ſans demander
autre permiſſion & nonobſtant clameur de
Haro, Charté Normande & Lettres à ce
contraires : CAR tel eſt notre plaiſir : Donné à Paris, le *quinziéme* jour du mois de Février l'an de grace *mil ſept-cent ſoixante-
quatre*, & de notre Régne le quarante-
neuviéme.

Par le Roi en ſon Conſeil,

Signé, LE BÉGUE.

*Regiſtré ſur le Regiſtre **XVI** de la Chambre Royale & Syndicale des Libraires & Imprimeurs de Paris, **N° 86**, fol. 76, conformément au Réglement de 1723, qui fait
défenſes, Art. XLI., à toutes perſonnes de
quelques qualité & condition qu'elles ſoient, autres que les Libraires & Imprimeurs de vendre,
débiter, faire afficher aucuns Livres pour les
vendre en leurs noms, ſoit qu'ils s'en diſent les
Auteurs, ou autrement, & à la charge de fournir à la ſuſdite Chambre neuf exemplaires
preſcrits par l'Art. 108 du même Réglem.
A Paris, ce 23 Février 1764.*

Signé, LE BRETON, Syndic.

De l'Imprimerie de LOTTIN l'Aîné,
Libraire & Imprimeur de Monſeigneur
le Duc de BERRY.